JN319763

エントロピーをめぐる冒険

初心者のための統計熱力学

鈴木　炎　著

ブルーバックス

装幀／芦澤泰偉・児崎雅淑
カバーイラスト・もくじ・章扉／中山康子
本文図版／浅妻健司

まえがき

いまどき、「エントロピー」を知らぬ者はいない。試みにAmazonを検索してみよう。大量の書籍とともに、J－POPのCDのタイトルが何枚もヒットする。それに加えて、抽象画や、傘やゴルフバッグ、果てはアニメのトレーディングカードまでが見つかるはずだ。21世紀の今日、われわれの大多数はエントロピーという言葉を耳にしたことがあるし、その意味も、何とはなしに理解している。少なくとも、そう思っている。

その知識は、どこから来たのだろう。初めてエントロピーという響きを耳にしたのはいつだったか、憶えているだろうか。若い読者にとって、それは、ひょっとすると、中学の理科室で、気さくな先生が「教科書にはまだ出てこないんだけどね……」と、世界の神秘を解き明かす呪文でもあるかのように、こっそり耳打ちしてくれた一言だったかもしれない。年配の読者の場合には、エネルギー問題や地球環境の危機について警鐘を鳴らすエコロジー記事の一節、そこに突如立ち現れた、何やら難解にして深刻な、カタカナ用語だったかもしれない。

では、エントロピーとは何だろうか？

馴染みのあるカタカナ言葉の意味を問われて、はたと困惑するのはよくあることだ。説明できないけれど、実はちゃんと理解できている概念も多い。エントロピーについては、このあと本書で長々と解説することになるから、ここではもうひとつの言葉――同じく熱力学で中心的な概念――「エネルギー」について読者に問うてみよう。

エネルギーとは何だろうか?

あらためて問われると答えにくいという点では同じだが、エネルギーといわれたほうが、エントロピーよりは身近に感じられるだろう。何やら大事なもの。貴重な資源。人類のためになるもの。電気。石油。原子力。太陽光。風力。仕事をしてくれるもの。「エネルギー保存の法則」っていうくらいだから、保存されるもの。省エネ。枯渇問題。だが、こんなふうに考えたことがあるだろうか。

「省エネは不可能だ。エネルギーは枯渇しない!」

なぜなら、エネルギーは**保存される**からだ。人間が何をどう頑張っても、物理学的エネルギーの総量は一定である。増えもしなければ減りもしない。保存されるものを「節約」することはできない。当然、「枯渇」もしない。一定だからだ。

あなたはこう反論するかもしれない。世の中に流通するお金も、総量は(ほぼ)一定だけど、節約はできるよ、と。そのとおりだ。だが、その場合には「私の財布の中のお金が他人の財布に移動するのを、断固として阻止する」という生活防衛的な意図がはたらいている。しかしエネルギー問題においては、「私の電気代を節約する」という個人の知恵に加えて、どこかしら、人類全体の未来に対する悲観的、終末論的な響き――「覆水盆に返らず」「無駄に浪費」「取り返しがつかない」といった――〈不可逆性〉がつきまとう。

世界は不可逆だ。浪費を取り戻すことはできない。だから節約しなくちゃ。こうした感覚は、物理学的にもまったく正しい。だが、それをつかさどるのは、実は「エネルギー」ではない。燃料を浪費しても、各種エネルギーは熱エネルギーに形を変えるだけで、減りはしないのだ。〈不可逆〉を支配するものこそが、エントロピーである。だから「省エネ」を叫ぶとき、われわれがそれと気づかず語っているのは、本当はエネルギーではなく〈エントロピー〉のことなのだ。

では、あらためて聞こう。エントロピーとは何だろうか？

「乱雑さ」「でたらめになること」という説明を聞いたことがあるかもしれない。これもまた正しい。正しいのであるが、もしそれだけのことであれば、その解説に何十冊もの本が書かれる必要はあるまい。一方、別の本には「きわめて深く難解な概念である」「それを真に理解できる人間は数少ない」などと書いてあって、びびる。どっちが本当なんだろう。〈エントロピー〉なる言葉に漂うエキゾティックな魔力、そこはかとない神秘の響きは、どこからくるのだろうか。

実は、エントロピーの異様さは、その神秘性や見かけの難解さにあるのではない。まったく逆に、その〈単純さ〉にあるのだ。

ありえないほど単純。小学生にも即座に理解できるほど単純。単純すぎて、それが、森羅万象、世界のすべてを動かしているということが、信じられないのである。だが、それを理解した瞬間に、目もくらむような衝撃がやってくる。事実、隠されたこの真実にたどり着くため、人類は幾世代もの天才たちを必要とした。彼らは国境と世紀を越えて〈エントロピー〉の聖なる火を運び続けたのである。

本書の意図のひとつは、この巨大な概念がどのように発見され成熟していったか、その歴史を、人間ドラマとして再現してみたいということにあった。いざ書いてみると、ちょっとした「エントロピー・ツアー」へご招待、ということになった。

ところで、高校や大学の教科書では、往々にして、エントロピーが難解というだけでなく、無味乾燥、とっつきにくいものにも見えてしまう。その原因は、歴史的背景があまり語られないことのほかに、数式による定義や導出が煩雑すぎて本質を見失ってしまうことにもあるのではないだろうか。ホーキングによれば、一般書で許される数式の数は最大1個（！）ということだが、ブルーバックスならもうちょっと緩くてもいいだろう、というわけで、式の数は10個以内という目標も立てた（最終的にはそれをだいぶ超えてしまったが……）。

読者としておもに想定したのは、エントロピーや熱力学についてもっと詳しく知りたいという理系の高校生である。近ごろ教科書が変わって、熱力学の部分もやや詳しくなったようだから、タイムリーかもしれない。だが、進んだ中学生や、文系の読者にも楽しんでいただけるように、歴史や社会的背景、人間的なエピソードも盛り込んだ。理系の本にはちょっと珍しい面々（ナポレオンやらツヴァイクやらリンカーンやら）にも、ご登場願うこととした。

数式が少ないのは、理系の大学生には物足りないかもしれない。それでも「エントロピーって、そういえば何だっけ？」という方々には、復習を兼ねて役に立つのではないだろうか。かつて学んだことがあるコンセプトも、違った視点から眺めることで新鮮に感じていただければ嬉しい。一方、熱力学・統計力学のプロにとっては、だいたいもう知っていることばかりだから退屈だろう。それでも、〈通〉しか知らないような「蔵出し」エピソードも掘り起こして書き加えたので、このたびはこれでご勘弁いただきたい。

エントロピーの理解のしかたは、ひとつではない。ブルーバックスでも、すでに熱力学・統計力学・エントロピー関連の優れた書籍が多数刊行されている。本書では、それらとは一味違った切り口で攻めてみた。本書のアプローチはかなりの読者にとって目新しく映るかもしれないが、決してオリジナルなものではない。それどころか、少なくとも物理学科の学生にとっては、久保亮五やキッテルの教科書を通じて標準的な道筋のひとつとなっている。にもかかわらず、物理学以外の分野では、学生・研究者を問わず、驚くほど知られていないのである。これを、熱力学に関心をもつすべての方々に広く紹介したい、というのが本書執筆のいまひとつの動機であった。

さらに、以下のような、初心者が抱きがちな疑問にも明瞭に答えることをめざした。

・現代の物理化学の教科書は、どうして例外なく、古めかしい蒸気機関を持ち出すのだろうか？そんなものは、最先端の分子デバイスや生命科学と無関係ではないか？

・なぜエントロピーの定義式には、全然違う形のやつが三つもあるのか？

・「エントロピーは常に増大する」と言いながら「エントロピーは物質の状態によって定まる関数だ」とも言う。状態関数なのにどうして増大できるのか？

・「エントロピーがすべての原動力だ」と言いつつ「エントロピーとエネルギーの闘いがものごとの進む方向を決める」とも言う。どちらが正しい？

これらの疑問にひとつでも「おや？」と引っかかりを覚える方は、ぜひ本書を読み進めてみていただきたい。

筆者は科学史家ではないし、大学で「化学熱力学」の講義を担当しているものの、熱力学・統計力学の専門家でもない。素人のできる範囲で勘違いや誤りがないよう頑張ったが、例によって自信はない。平身低頭、読者のご指摘を待つほかない。なお、科学史における実際の展開は紆余曲折に満ちているので、本書における科学的説明は必ずしも原論文どおりではなく、ごく簡単なものに終始することをあらかじめお断りしなければならない。詳細については参考文献をご参照ください。

数年前、ブルーバックスで翻訳をした本が望外の好評を得たおかげで、本書の刊行が可能になった。が、原稿は遅れに遅れた。講談社の山岸浩史氏には、さんざんご迷惑をおかけしたにもかかわらず、激励をいただき、あらゆる点でお世話になった。鈴木千穂子、鈴木心、イイン・サンディ・リーの諸氏には、原稿をチェックしていただいた。みなさんに深く感謝します。本書が、エントロピー理解の一助となることを願います。

２０１４年10月　立山山麓にて、ブルックナーを聴きつつ

エントロピーをめぐる冒険

目次

第2章

わが名はエントロピー……49

第3章

憂鬱な教授――世紀末のウィーン……79

第4章

分子は踊る

第5章

田舎の天才——南北戦争のアメリカ……165

第1章

英雄の息子——革命後のパリ

それを解明する一般理論を、人類はいまだ手にしていない。
だから俺は、その本質を徹底的にあぶり出してやろう。

エントロピーについて多少知っている人でも、それが量子力学の誕生にまで深く関わっていた、と聞けば驚くのではないだろうか。エントロピーの発見と、その本質を知りたいという熱病にも似た渇きこそが、今日われわれが当たり前のように享受している科学技術への道を切り拓いたとも言えるのである。

本書では、エントロピーを探す旅――波乱に満ちた冒険者たちの足跡をたどるツアーに読者をお誘いしたいと思う。世紀から世紀へ、大陸から大陸への遊覧飛行、ちょっと長めのエクスカーションになるだろう。旅を終えたときには、エントロピーの理解も少しは深まっているはずだ。

黄昏のウィーン、そしてリンカーンのアメリカ。だが、まず真っ先に見えてくるのは、革命とナポレオンのフランスだ。二世紀を巻き戻して、騒然たるパリの街角に降り立ってみよう。ヴィクトル・ユーゴー、ロベスピエール、ひょっとするとナポレオンご当人にも、お目にかかれるかもしれない……。

1832年6月5日、パリ――暴動と疫病の街

自由・平等・博愛という輝かしい理想の下に始まったフランス革命が、ギロチンを振りかざした恐怖政治へと暴走してから、すでに40年近くが過ぎ去っている。その間にこの国は、国家存亡の危機、ナポレオンの栄光と没落、王政復古など、およそ考えられる限りの、ありとあらゆる激

動と混乱を経験してきた。にもかかわらず、いまだ政情は安定からほど遠い。

不況、食糧難、物価高騰に加えて、１８３２年3月にパリを襲ったコレラの爆発的猛威は、恐慌と暴動を引き起こした。4月には一日で８００人が死亡し、墓掘り人夫が逃げ出す異常事態となる。ようやく収束をみる9月までの死者は、累計2万人近くにも達した。

19世紀の初め、ナポレオン肝いりの巨大公共事業の恩恵を受けて、「文明の首都」パリは目覚ましい復興を遂げていた。そこは経済・金融・商業・工業の中心であり、１８１７年には71万人が暮らしていた。しかし、ある分類ではうち8割は貧民だったという。地方からの流入は、多数の貧困層を生み出した。10万人以上の乞食がいた。疫病が直撃した市中心部の貧民街には、一人当たり7平米という超過密状態で下層民がひしめきあっていた。じめじめして薄暗く、想像を絶するほどの不潔さ。動物の死骸がひどい悪臭を放つ。文字通りの掃き溜めである。

パリに隣接する巨大屎尿《しにょう》投棄場からの汚水が流れ込むセーヌ川もまた、汚染が酷く、伝染病の源泉となった。政府の手先が毒をまいているというデマが流れ、たまたま壜を持っていた通行人が、群集に虐殺されたという。医学は無力で、病院も貧民にとっては恐怖と死の象徴でしかなかった。金持ちは先を争ってパリを脱出した。

今日もまた、パリで暴動が発生した。ヴィクトル・ユーゴー『レ・ミゼラブル』のクライマッ

図1－1　ラザール・カルノー
(1753-1823)

クスで描かれて有名になった、〈ラマルク将軍葬列の騒乱〉である。ユーゴー自身もたまたま散歩中に、銃撃戦に巻き込まれたという。パリの半分は占拠され、バリケードで封鎖された。店々はすべて、扉を固く閉ざした。

折しも、馬にまたがった酔っぱらいの兵隊が狼藉に及ぶ。暴走族よろしく全速力で通りを駆け抜け、通行人に剣で切りつけにかかったのである。人々は悲鳴を上げて逃げ惑った。血しぶきが飛んだ。

と、そのときである。どこからともなく、ひ弱げな白い手が現れ、ついと伸びた。かと見る間に、思いがけない力強さで、この通り魔の脚をむんずとつかむと、馬から難なく引きずりおろし溝の中へ叩き込んだ。人々は一瞬呆気にとられたが、次の瞬間、大歓声を上げた。

まるで冒険小説のヒーローを地で行くような、この大胆な一撃で人々を救った青年は、しかし、ちらと照れたような笑みを見せただけで、足早にその場を去っていった。

その後ろ姿を見送った人々の目には、ひょっとすると、この時世にもいまだ失われざるフランス人の魂が、しかと映っていたのかもしれない。しかしその彼らも、この男の名前を聞いたなら、思わず驚きの声を上げたに相違ない。

〈カルノー〉。この苗字をフランスで知らぬ者はない。かつて絶望的な戦況下にありながら、奇抜な作戦と果敢な行動力で外国軍を撃破した、救国の英雄。そればかりか、公安委員会の一員としてロベスピエールを断頭台に送って恐怖政治に終止符を打ち、無名のナポレオンを大抜擢し、後年その大臣としても活躍した人物——ラザール・カルノー将軍（図１－１）である。

いま、恥ずかしげにそそくさと去ってゆく男、ふっくらとした顔だちと柔和な表情に似合わぬ鋭い眼光をもったこの男こそ、ラザールの息子、サディ・カルノー（図１－２）であった。そして、彼自身にも、もちろん彼の背中に歓声を送った人々にも、およそ想像すらできなかったことだが、のちに彼は熱力学の創始者として、また、本書で辿ることになる〈エントロピー〉発見物語の端緒を拓いた人物として、人類の歴史に永遠にその名を刻みつけることになるのである。

図１－２　サディ・カルノー
(1796-1832)

だが、その栄光が到来するまでには、彼の死後、少なくとも半世紀を待たねばならない。彼自身を待っていたのは、理不尽で残酷な運命だった。

暴動の日からわずか２ヵ月後、サディはコレラに倒れ、数時間のうちに死んだ。享年36歳。革命のさなかに王宮で生まれ、ナポレオン夫妻にも可愛がられたという、英雄の息子でありながら、生前まったくの無名であり、28歳のときに自費出版のパンフレットを1冊出しただけで科学界からは事実上、完全に無視された。疫病対策ということで、彼の遺品、ノートと草稿は、ただちに焼却されてしまった。

今日、サディの業績をわれわれが正しく知ることができるのは、ほとんど僥倖《ぎょうこう》というほかない歴史の巡り合わせによるのである。

だが、それについて語る前に、革命を生きた父ラザールについて、少し述べていくことにしよう。なにしろ、こと世界史的な意味では、この父子は、本書に登場するほかの誰よりもドラマティックな時代を生きたのだし、また、あとで見るように、エントロピーに至るサディの発想の原点には、父ラザールの影響が少なからずあるからである。

筋金入りの共和主義者

時計の針は、サディの死から40年ほど戻る。革命こそ成就したものの、ルイ16世処刑（1793年）直後のフランス軍の戦況は、どう見ても絶望的であった。反革命の旗の下に結集した諸外国連合の包囲網に加え、国内では王党派の反乱が続いていた。これに対抗すべく、徴兵令でかき集められた大量の兵士は烏合の衆。訓練の行き届いた外国軍の目から見れば、赤子同然であった。そのうえ食糧もなければ、兵器も、弾薬も服も靴も荷車もない。

この四面楚歌の状況に背水の陣で臨み、戦況を劇的に好転させた指揮官こそ、のちに「勝利の組織者」と呼ばれることになる工兵将校ラザール・カルノーであった。ときに40歳。マリー・アントワネット処刑と同日の10月16日、歴史家ミシュレが熱く語る〈ワッチニーの戦い〉でラザールが挑んだ、一か八か、破れかぶれの作戦は濃霧に助けられ、劇的な勝利に終わった。ミシュレによれば、ラザールは自ら銃をとり、兵士に交じって徒歩で進撃したという。

この時代の科学・技術とは、まず何より軍事技術を意味していたから、軍人が科学者であるのは珍しくない。卓越した技術者であり数学者でもあったラザールは、徹底的な合理主義をもって軍隊の組織化にあたり、武器・弾薬の製造を飛躍的に効率化した。古臭い慣習を打破し、実力のある者を抜擢して適所に配する――共和国建設への彼の信念が、国家を救ったのだ。

図1－3　ロベスピエール（1758-1794）

世界史の教科書では、独裁者ロベスピエール（図1－3）をはじめとするアクの強い面々に隠れて目立たないが、公安委員会においてラザールは、実務レベルでも欠くことのできぬ存在だった。たとえ

図1－4　テルミドールのクーデター
ロベスピエール（画面右）は襲撃されて負傷し、捕われた

ば、このころの公文書920のうち、ラザールが書き上げたり最初に署名したりした数は272で誰よりも多く、ロベスピエールは77にすぎなかったという。連日連夜、あまりにも遅くまで「サービス残業」しているので、あらゆる手紙を配達と同時に開封しているのではないか、とロベスピエール派が疑心暗鬼に陥ったほどだ。狂信的な急進派、狡猾なマキャベリスト、裏切者、スパイが跋扈《ばっこ》するこの時代にあって、ラザールは政敵にすらある種の敬意を抱かせる誠実で活力に満ちた実務家であった。賄賂を一切受けつけない、きわめて稀な一人でもあった。このころ政権にあった人々は（運よく生きのびていれば）、のちに恐怖政治の責任を追及されると露骨な言い逃れを図るのが常であったが、彼は正々堂々と共和主義の持論を展開し、敵国イギリスの人々にさえ感銘を与えた。

実はロベスピエールとラザールは、平和な社交クラブ時代からの知り合いである。実力ではなく血筋がすべてを決する閉塞社会に窒息しかけたラジカルな共和主義者、という点では二人は共通していたが、ラザールは政治には疎く、素朴な科学者であり軍人であった。軍人嫌いのロベスピエールはラザールが大嫌いで、「頑固で融通のきかぬ合法主義者」と評した。一方でラザールは、ロベスピエールに面と向かって「馬鹿げた独裁者」と吐き捨てる。ギロチンを背にした、殺るか殺られるかの決闘が目前に迫っていた。

1794年7月、公安委員会内の亀裂と緊張はついに頂点に達した。テルミドールのクーデター（図1－4）で倒されたのは、ロベスピエールだった。

ナポレオンとの愛憎

ロベスピエールが断頭台の露と消えたあとも、ラザールは総裁政府の一員として引き続き活躍する。しかし、長男サディが生まれた1796年、政局の風向きが変わった。王党派が、選挙で大勝したのである。反動を嫌った総裁政府はフリュクティドールのクーデター（1797年）でこれを覆したのだが、このとき、まさにロベスピエールが評した通りと言うべきか、空気を読めない、いや、読むことを断固拒否するラザールは、「たとえ敵が勝利しても、選挙結果は尊重すべきだ」と主張して譲らなかった。結果、王党派もろとも逮捕されそうになり、間一髪、スイス

図1－5　ナポレオン
（1769-1821）

に逃れた。国境の非拡大を主張していたラザールの失脚によってタガが外れたフランスは、このあと台頭してきたナポレオンの戦勝拡大主義へと突っ走っていく。

ところで、大した実績もなく経験にも乏しい、どこの馬の骨ともわからぬコルシカ出身、26歳の軍人ナポレオン・ボナパルト（図1－5）の天才をいち早く見抜き、将軍に抜擢、さらにイタリア戦線の司令官に強く推したのも、実はほかならぬラザールである。二人は個人的にも親しかった。

ナポレオンが政権を掌握すると、ラザールは帰国して陸軍大臣となった。ナポレオンとの関係は当初、良好で、ジョゼフィーヌも4歳のサディをいたく可愛がり、別荘にもよく連れていったらしい。池で石を投げてご婦人方をからかっていたナポレオンに幼いサディが怒り、ナポレオンを怒鳴りつけた、という微笑ましいエピソードまで残っている。ナポレオンは大爆笑したという。科学マニアとしても知られた皇帝も、この子供がいずれ、その射程と深遠さにおいて並ぶもののない不滅の業績を歴史に残すことになるとは思いもよらなかったろう。

だが、蜜月の時代は長くは続かなかった。ラザールはやがて、共和主義から遠ざかってゆくナポレオンの動きに我慢できなくなり、陸軍大臣を辞任する。政権を離れたあともナポレオンの反共和的政策にしばしば公然と反対し、一種超然たる態度をとり続けた。波乱に満ちたその生涯のなかで、この在野時代がラザール・カルノーにとって最も幸せな時期だったといえるだろう。このころ軍事技術書のほかに、機械学や、微積分・幾何学の数学書まで精力的に刊行している。

ところが１８１２年、ナポレオンがロシア遠征に失敗してモスクワを退却し、その没落が誰の目にも明らかになってくると、ラザールはなんと、旧友の窮状を見かね、突如としてナポレオンに協力を申し出る。主義主張を超えた愛国心と友情という、まるで大河ドラマのような展開である。だが、アントワープの防衛にあたったラザールのもとにまもなく、パリ陥落とナポレオン退位の報が届く。ラザールは敵方に砦を引き渡した。この報を伝えるべくアントワープに派遣されたのが、息子のサディだった。17歳になっていたサディは、エコール・ポリテクニークから志願してヴァンセンヌ防衛戦に参加していた。

ラザールはナポレオンが短期復活した「百日天下」の際にも、乞われて内務大臣を務めているが、ナポレオンが失脚すると、再び国外追放の憂き目にあう。伝記文学の傑作『ジョゼフ・フーシェ』で著者のシュテファン・ツヴァイクは、ラザールの素朴すぎる人柄を見事に浮き彫りにしている。

「一番大衆の人気のあるカルノーもまたまんまとやられて、彼のかわりに、一番いかさま師のフーシェが、フランスの運命を左右する支配者となったのである。」(高橋禎二・秋山英夫訳)

亡命した老カルノーが、再び祖国の土を踏むことはなかった。「決してぶれなかった男」は各地を転々としたのち、1823年、ドイツのマグデブルクで70年の生涯を閉じた。

サディの誓い

では、17歳の少年兵として初めて戦場に立った「英雄の息子」はその後、いったいどこでどのように生きていたのだろうか。弟イッポリートの回想によると、数年の軍隊生活のあと希望して休職、やがて退役(1828年)し、パリで研究生活を送ったという。この間の1821年に2週間ほど父を訪問したのが、亡命後の父に会った最初で最後の機会となった。

サディ・カルノーとはどんな人間だったのか。もともと非社交的な性格で、友人は少なかったようだ。かと思えば、腹を割って話せる仲間には親切で、屈託がない。そればかりか、ときに恐ろしく大胆な言動をとって周囲を驚かせた。弟の評するところでは、悪意はないが辛辣、偏屈ではないが奇抜。父の没落や復活のたびに猫の目のように態度が豹変する取り巻き連中にはほとほとうんざりしたらしく、美辞麗句や虚栄を極端に嫌った。「知っていることは最小限を語れ。知らないことは沈黙せよ」が信条だったという。政界からの誘いもあったらしいが、親の七光りを嫌悪し、共和主義劣勢の世の中にも失望して、自分の世界に閉じこもった。

サディが勤《いそ》しんでいたのは、科学の研究と芸術の鍛錬だったというが、科学に関しては、考えていることを弟にすら一切話さなかった。ただ、敵国イギリスで1769年にワットが開発していた蒸気機関には並々ならぬ関心を示し、工場巡りなどもしていたようである。

そのほか、ルーブルや博物館、図書館へも足しげく通い、自然史、工業、経済学を学び、バイオリンの演奏に習熟、体操・フェンシング・水泳・ダンス・スケートにも玄人並みの腕を見せる。「花の都のすてきな生活」をエンジョイ、というところだが、よくいえば高等遊民、悪くいえば「エンジンおたく」。極端な話、ニートや引きこもりといった印象さえ受けかねない。救国の英雄ラザール・カルノーの息子は、父の失脚と政変で腑抜《ふぬ》けに成り下がってしまったのだろうか。

むろんそうではなかった！　当時、〈蒸気機関〉は国運を左右する産業革命の要《かなめ》であり、「七つの海を支配する」大英帝国の栄華を支える屋台骨であった。そして同時に、惨めに後れをとっている祖国フランスの劣勢挽回という可能性を秘めた鍵でもあった。サディは蒸気機関の社会的・歴史的な重要性を、完全に把握していた。そうして、この「孤独なニート」の脳内では人知れず、前人未到のヴィジョンが結晶化しつつあったのである。

7世紀にも及ぶ宿敵イギリスとの覇権争いに敗れたフランスの国際的地位は、18世紀後半には見る影もなく低下していた。失われた威信、無秩序な財政、革命の混乱。かつて栄華を誇った〈太陽王〉の国は、いまや二流国家に成り下がった。ナポレオン帝国による復興はあったものの、この時期、科学技術ではイギリスが圧倒的に先んじていた。遠距離通信、鉄道、舗装、ガス灯、そして缶詰。いちはやく産業革命を達成した「世界の工場」から次々に繰り出される発明が、急速に世の中を変えていった。１７９３年から１８００年までに、イギリスは５３３の特許を認可したが、フランスではたった65だった。また１８１０年当時、イギリスには「火力ポンプ」が５０００台あったのに対して、フランスにあったのはわずか２００台といわれる。

サディは考える。零落の道を突き進む祖国のために、いったいこの俺に何ができよう？

熱機関《エンジン》が鍵だ！　国の興亡を左右する、科学技術の代名詞。いまや蒸気ポンプや蒸気機関車は、その圧倒的かつ無尽蔵と見える動力で、劇的に社会の姿を変貌させつつある。だが、それを解明する〈一般理論〉を、人類はいまだ手にしていない。だから俺は、その本質を徹底的にあぶり出してやろう。

――あらゆる時代、あらゆる国の、あらゆる人間が考え出すであろう、いかなるエンジンにおいても、例外なく成り立つ法則、絶対の法則を見いだすこと。

ここに、具象から抽象へと舞い上がる、父譲りのサディの数学者魂が炸裂したのである。

忘れ去られたパンフレット

世界を変える鍵はエンジンにあるというサディの洞察は、確かに慧眼であった。だからこそ今日でもわれわれは、エンジンを操る者を技術者（エンジニア）と呼び、エンジンを司る学問を工学（エンジニアリング）と呼ぶのだ。

実は父ラザールも、早くから蒸気機関に注目していた。1784年には、早くも熱気球の軍事利用を検討し、蒸気エンジンの航空利用や、近い将来の蒸気機関の革命的発達を予見している。帝政期には、年に12から15の発明を審査した。「ピレオロフォール」というエンジンの発明（1806年）については、「（蒸気ではなく）加熱された空気から動力を引き出す初の装置である。水の気化に多大な熱素を浪費する蒸気機関に比して、利するところが大きい」と熱を込めて書いた。サディ10歳ごろのことであるが、これが後年のサディの考察に重要な示唆を与えたようだ。つまり、エンジンの機能にとって「蒸気」は本質的ではない。**加熱すること**こそが要諦なのであって、膨張するもの（作業物質）は空気でも水蒸気でも、何でもかまわない――という認識である。

1821年に父の亡命先を息子が訪ねて、久しぶりの再会をはたしたとき、二人の革命戦士はエンジンの話をしただろうか。浮世離れした理系親子の会話を想像すると思わず笑ってしまう。

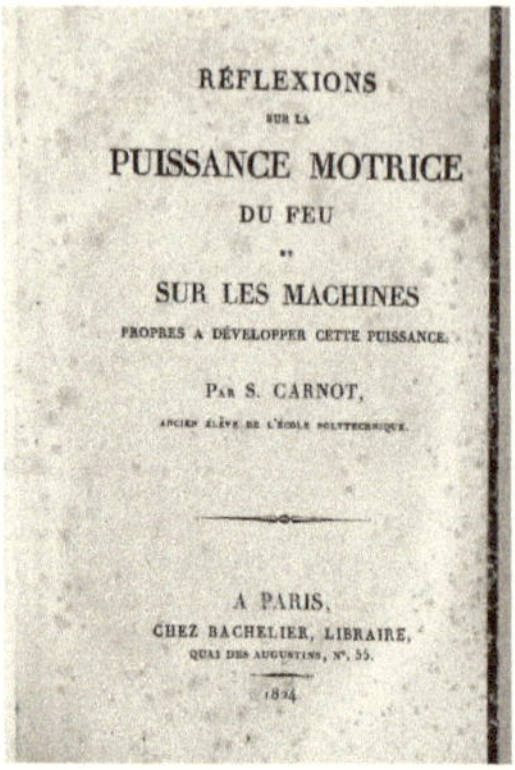
RÉFLEXIONS
SUR LA
PUISSANCE MOTRICE
DU FEU
ET
SUR LES MACHINES
PROPRES A DÉVELOPPER CETTE PUISSANCE.
PAR S. CARNOT,
ANCIEN ÉLÈVE DE L'ÉCOLE POLYTECHNIQUE.
A PARIS,
CHEZ BACHELIER, LIBRAIRE,
QUAI DES AUGUSTINS, Nº. 55.
1824.

図1-6　サディが自費出版したパンフレット

もしかすると、水車の話もしたかもしれない。というのも、水車（正確には「水柱機関」と呼ばれる、より洗練されたタイプの水力機関）のイメージも、サディが築いた理論に欠くことのできぬ閃《ひらめ》きをもたらしたからである。

父の訃報に接した翌年の１８２４年、サディは『火の動力及びこの動力を発生させるに適した機関についての考察』という、長ったらしくて魅力ゼロのタイトルをつけた小さなパンフレット（図１-６）を自費出版した。あれほど目立つことを嫌がり、知ったかぶりを嫌悪していたのに。この唯一の論文は、亡父に何かを語りかけようとしたものだったのだろうか。

案の定というべきか、彼の蒸気・熱機関に関する理論は、ほとんど理解されなかった。パンフレットはいつしか、雲散霧消してしまった。そして、出版から8年後に没したサディ・カルノーの名もまた、まったく忘れ去られた――数十年を経て、かつての敵国イギリスとドイツで再び見いだされるまでは。

父と子の水車

いま、サディの遺した論文をひもとく者は、随所に登場する熱機関と水力機関のアナロジーに意表を突かれる。確かにこのアナロジーは、天才的直観の賜物というべきものである（ただし、当時の認識では火力と水力の連関は深く、その対比自体は、今日のわれわれが感じるほど奇抜なものではなかった）。

11世紀以降の西ヨーロッパでは、長きにわたって水車が主たる動力源であった。その重要性は風車をはるかに上回っていた。農村の製粉機で、鉱山や製鉄所で、織物工場で、水力が活用されていた。およそ川が流れるところ、水車があった。産業革命直前における水車小屋の数は、フランスで6万、ヨーロッパ全域で50万とされる。水力利用の効率化をめざして、機械工学も発達した。蒸気機関が発達してからも、そのメカニズムが水力へと応用しなおされていた。

サディの父ラザールも、その主著である数学書において水力に精密な分析を加え、永久機関の不可能性を論じていたのであった。こんなエピソードもある。ナポレオンの別荘で、サディの姿が見えなくなった。ジョゼフィーヌが慌てて捜したところ、4歳の幼子は水車小屋で、水車のしくみについて小屋番に熱心に質問していたという。この水車のイメージこそ、若きサディが蒸気機関の考察を進めるにあたって出発点としたアナロジーだったのである。

図1－7　水車に流れ込んだ水は、また流れ出てゆく

いうまでもなく水車とは、流れ落ちてくる水の力によって駆動する動力機関である。だが、水車に注がれた水はことごとく、また水車から流れ出てゆく（図1－7）。そのイメージをサディは、驚くべき洞察力によって、水車とは一見似ても似つかぬ蒸気機関の本質をあぶりだす理論に重ね合わせたのである。

人類は火力機関の発明によって初めて、熱と動力を結びつけたわけだが、今日、ワットの蒸気機関と聞いてわれわれが思い浮かべるのは、どちらかといえば懐古趣味的、レトロでローテクな薬缶《やかん》とかボイラーとか機関車のイメージであろう。もちろんサディの時代までにもさまざまな技術改良がなされ、かなり複雑な仕掛けにはなっていたものの、「理論」と呼べるようなものは存在していなかった。技術者の直観と試行錯誤の積み重ねによっていろんな工夫はあるにせよ、結局は「お湯を沸かしてピストンを押す」だけのものである。本質的に、謎めいたところは何もない。

であるからして「そもそも理論なんてものが必要なのか？」という考えはもっともである。沸騰水のデータは要るかもしれない。水蒸気をアルコール蒸気に替えたら、揮発しやすいからもっとパワフルじゃないだろうか。ピストンとかシリンダー、ギア、潤滑油なんかの工夫も必要だろう。シリンダーを複数にしたらもっといいかも——当時の一般的な技術者は、火力機関の問題をそんな具合に、工学的ノウハウの面からのみとらえていたのである（技師というよりは科学者に近かったワットは例外として）。「エンジン」は、当時の数理科学・自然哲学とはまったく異質の対象であった。

だが、サディはその、何の変哲もないエンジンのしくみをとことん考え抜き、枝葉をこそぎ落とし、エッセンスのみを抽出することによって、ついに恐るべき深遠さに到達したのである。その道程は、「優れた頭脳とは、かくもあたりまえの前提から出発して、これほどの高みに到達できるものなのか」という点で、現在のわれわれをも驚嘆せしめる。だから、丁寧に見ていくことにしよう（それでも超ダイジェスト版であるが）。

〈水〉＝〈熱〉のアナロジー

熱（火力）機関の理論を構築するにあたって、サディが出発点とした前提は、次のようなものであった。

(0)気体は膨張すれば温度が下がり、圧縮されれば温度が上がる。

たったこれだけである。これは当時、すでによく知られていた経験的事実であった。今日でも、タイヤに空気を詰め込むと熱くなることは誰でも知っている。だがサディの目は、われわれには到底見えないものを見た。彼は進む。

(1)エンジンを極端に簡略化して、容量が変えられるただの入れもの——シリンダーとピストンからなる注射器のようなもの——と考えよう(図1-9)。動力のよけいな浪費を考えなくてすむように、ピストンはスムーズに動き、摩擦はないものと仮定する。内部には物質があって、加熱されると膨張し、冷えると収縮する。この物質が膨張するとき、ピストンやその先のギアを動かして、仕事をするわけだ。

ところで、この「作業物質」は、空気でも蒸気でも何でもよい。沸騰とか気化とかの現象は、派手な印象を与えるけれども本質的なものではないのだ。本当は気体ではなく液体や固体でもかまわないのだが、簡単のため、ここでは空気とする。

(2)燃料を燃やして、シリンダーの中の空気(作業物質)を加熱しよう。すると、空気は膨張するので動力が取り出せる(仕事ができる)。だが、ここで終了してはいけない。ゼンマイが伸び切ったおもちゃのように、膨張しきったところでエンジンが止まってしまうからだ。冷やし、

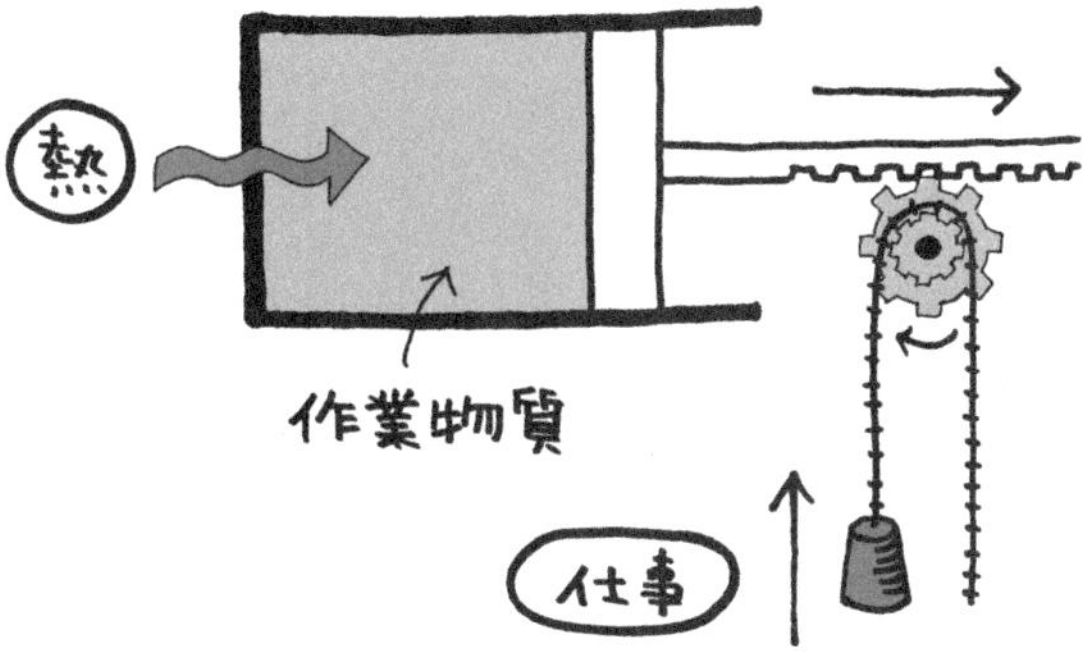

図1－8　熱機関
空気（作業物質）を加熱すると、動力が取り出せる（仕事ができる）

かつ収縮させて、元の状態へ復帰させねばならない。そうすることで初めて、熱を「持続的に」動力に変換する**サイクル**が完成する。

つまり、エンジンが仕事を続けるには、熱がエンジンに滞留するのではなく、熱の〈流れ〉、すなわち、熱の**流れ込みと流れ出しの両方**が絶対に必要なのだ。冷却は単なるオマケではなく、積極的で不可欠な意味をもっているということだ。エンジンに流れ込んできた熱は、どうしてもまた、外に捨てなければならぬ。空冷や水冷は、貴重な熱資源を浪費しているのではない。そうではなくて、エンジンの機能にとって絶対に必要なプロセスの一部なのである。

ここで、水車のアナロジーが俄《が》然《ぜん》、輝きを帯びてくる。水力機関では、高所の水が羽根やピストンを経由して低所へ流れ落ちることによって、動力が取り出せる。しかし、水は水車の中に留まってはならない。水は動力の運び手にすぎないから、やはり**流れ込みと流れ出しの両方**が必要なのだ。さもなくば、水車は水で満杯になり止まってしまうだろう。動力の源は水そのものではなく、水の状態の変化、すなわち〈高低差〉にあるわけである。

ここで〈水〉＝〈熱〉というアナロジーが浮上する。では熱エンジンにおいて、水力の〈高低差〉に対応するものは何か。それは動力の運び手の「流れ」に直結するものでなければならない。「そこに差があれば、熱が流れる」ような何か——すなわち〈温度差〉ということになる。これが熱機関における動力の源なのである。かくして、アナロジーは完成した。

カルノー・サイクルの完成

サディはなおも、快進撃を続ける。

では、水車において動力の浪費、無駄遣いがあるとすれば何だろうか。それは、水が水車を回さず無意味に落ちてしまうことだ。たとえば水が派手に水車を打つ「下射式水車」では、水しぶきや衝撃でせっかくの動力が無駄になることが知られている（図1-9a）。対する「上射式水車」では、衝撃を極力避けるべく、高所の水はそっと同じ高さの羽根バケツに乗せられ、水車はその重みで静かに回転し、最後にバケツが低所に達したとき、水はそこでそっと捨てられる。無駄は少なく、効率がいい（図1-9b）。

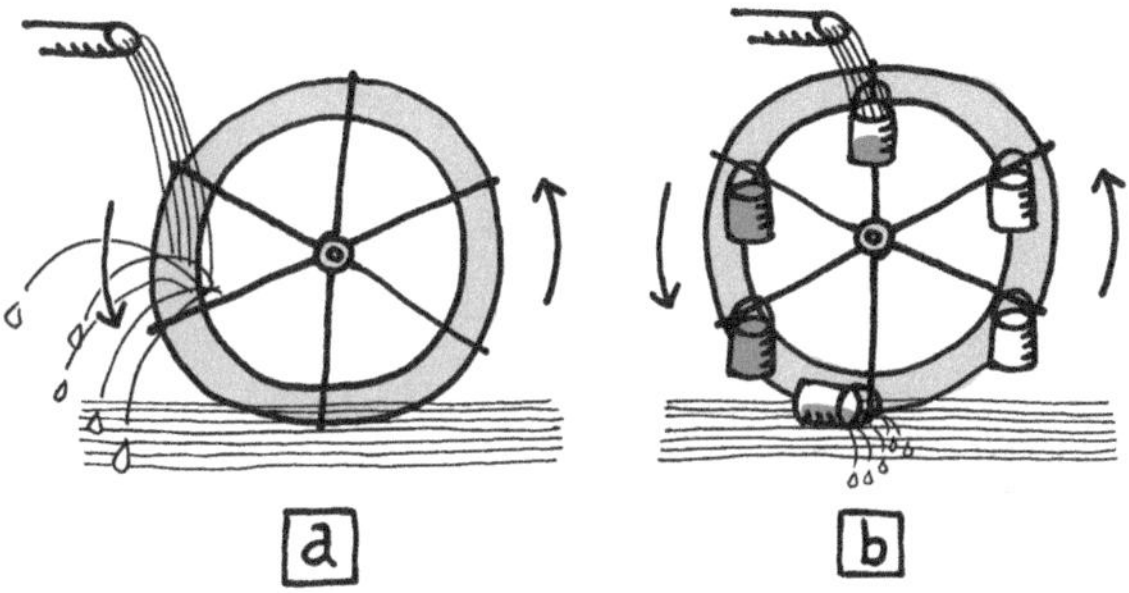

図1－9　水車の2つの様式　a：下射式水車　b：上射式水車
水に段差があると、そこで動力が浪費されてしまう

熱機関でも、話は同じだ。熱が高温から低温へドカンと流れれば、本来なら仕事に使えたはずの熱を、何の動力も取り出せずに浪費したことになってしまう。「潜在的作用能力の喪失」というわけだ。だから、熱の移動は温度の「段差」なしに極力、スムーズに行うべきで、そうすれば無駄は避けられ、効率は最大となるはずだ。

しかし、そもそも動力を取り出すには〈温度差〉が不可欠なのに、温度の段差なしに熱を移動させるなんて、矛盾しているではないか。そんな芸当ができるのか？

ここでサディは、今日の熱力学の教科書に必ず出てくる、画期的な概念をひねり出す。それは「可逆（準静）過程」という離れ業である。具体的には、「等温」と「断熱」という2種類の過程を組み合わせて、次のような操作をすればよい（図1－10）。

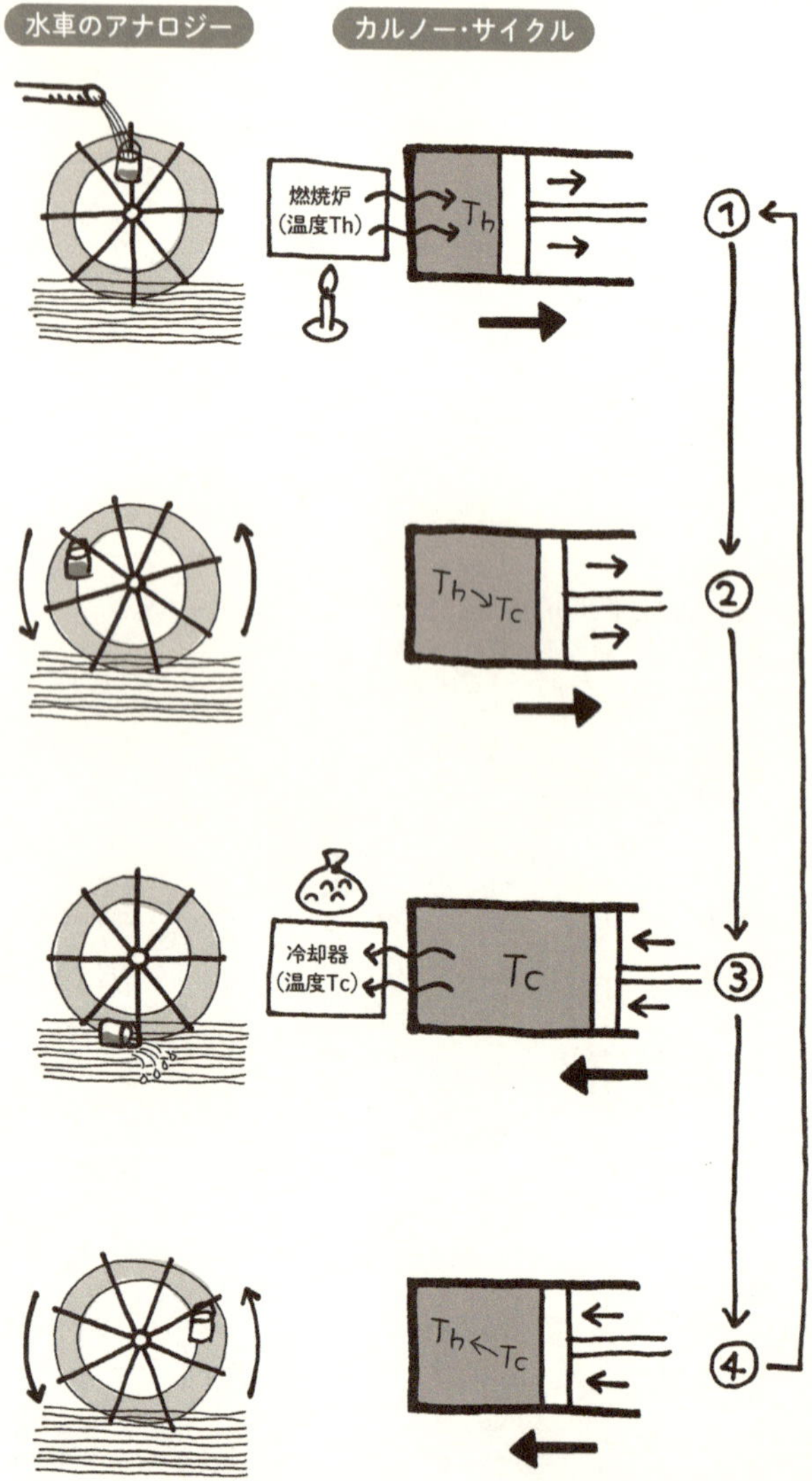

図1－10　水車とカルノー・サイクル
サイクルの4ステップは、上射式水車の各動作に対応している

①高温の燃焼炉に、空気の入ったシリンダーをくっつける。燃焼炉と言っても結局は高温の「熱だめ」であればよい。だから、炉の燃料は足りているか、とか、炉が冷えないか、とかよけいなことを気にせずすむように、熱くてでかい金属の塊のようなものを想像すればそれでよい。シリンダーの温度は炉の温度と同じにしておく。まだ熱は流れない。一方、シリンダー内部の圧力は大気圧より十分に高くしてあるので、ピストンは外部のメカニズムを押して駆動することができる。動力が取り出せて、馬や牛の代わりに有益な仕事ができるだろう。いまはとりあえず、いきなりドカンと動かぬようピストンは押さえておく。

さて、押さえている手をちょっとだけ緩める。ちょっとだけピストンが動くと、シリンダー内部の空気は膨張して温度がちょっとだけ下がるので、熱が炉から空気へと熱が流れ込み、空気の温度はまた炉の温度と等しくなる。

この動きを限りなくゆっくり、何度も行うことで、熱を事実上、段差なしに炉から空気へスムーズに移動させることができる。ただし、無限に時間がかかるので、現実には不可能な理想的極限であるが、少なくとも思考実験としては問題ない。

これが現在でいう「等温膨張」であり、無駄のない熱移動の第1のステップである。上射式水車における高所水の水平移動に相当する。

②次に、この空気を低温の冷却器（冷たくてでかい金属の塊でよかろう）につないで熱を捨て

なければならない。しかし、ただくっつけたのでは温度差がもろに残り、せっかくの熱が無駄に流出してしまう。これはまずい。段差をなくすためには、つなぐ前に空気をあらかじめ、冷却器の温度にまで冷やしておかねばならない。さて、どうする？

ここでサディは、先人ワットや友人（クレマンとデゾルム）のアイデアにヒントを得て、無駄のない第2のステップ、「断熱膨張」というジャブを繰り出してくる。なんと、空気の入ったシリンダーをいったん孤立させ、熱の出入りをシャットアウトしてから、引き続きピストンをしずしずと動かすのである。膨張した空気の温度は下がってゆく。熱の出入りはないのだからむろん、無駄もない。こうして問題なく、冷却器の温度まで下げることがかなう。これは上射式水車でいえば水車の回転に相当する。

③ここまでくれば、あとは簡単である。冷却器にくっつけて、①とは逆に、ピストンをゆるりと押し込み「等温圧縮」を実行すればよい。微《かす》かな温度差が生じて、熱が無駄なく空気から冷却器へと逃げてゆく。上射式水車でいえば低所での排水だ。

④これを適当なところで切り上げて、今度は②と逆、すなわち「断熱圧縮」へと切り替える。空気の温度を炉の温度まで無駄なく上げることができる。あとはシリンダーを高温炉へくっつければ、最初の状況が再現できる。

世に名高い〈カルノー・サイクル〉の完成である。1サイクルを回し終えたとき、空気の体積・温度・圧力とピストンの位置はそっくり元に戻っているので、正味の変化は、熱が高温（炉）から低温（冷却器）へと流れたことと、それに伴ってピストンが外部に対して動力を供給したことだけである（通常はこのように4ステップで説明されるが、サディのオリジナルは5ステップである）。

このサイクルで注目すべき点は、二つある。

一つは、このサイクルが実際に仕事をする、すなわち熱から動力を引き出すエンジンを体現していることである。等温膨張（①）で空気（高温）によってピストンが外を押す圧力は、等温圧縮（③）で空気（低温）が外から押し込まれる圧力より大きいので、エンジンは正味の仕事をすることになるからだ（ちなみに、断熱過程②④での仕事はとりあえず気にしなくてよい。きちんと計算しても結論は同じだし、サイクルをうまく工夫すれば無視できるようになる）。

いま一つは、すべてのステップの**可逆性**である。どの瞬間においても段差がなく、常に平衡を保ちつつピストンをそっと動かすので、その気になればいつでも逆向きに動かして元に戻すことができる。映画の逆回しがそのまま実現できるということだ。もしまるまる1サイクル逆回しにすれば、この「エンジン」は動力を消費し、それに伴って熱を冷却器から炉へ運び上げる。つまり「ヒートポンプ」として動作することになる。当時、影も形もなかった冷蔵庫やエアコンが、サディの脳内では先取りされていたわけである。水力機関の逆回しが汲み上げポンプになることはよく知られていたから、ここでもアナロジーが大きな力を発揮したのだろう。

さて、**このエンジンは効率において望みうる最高のエンジンであり、これを超えるエンジンは存在しない。**なぜか？　その理由はこうだ。

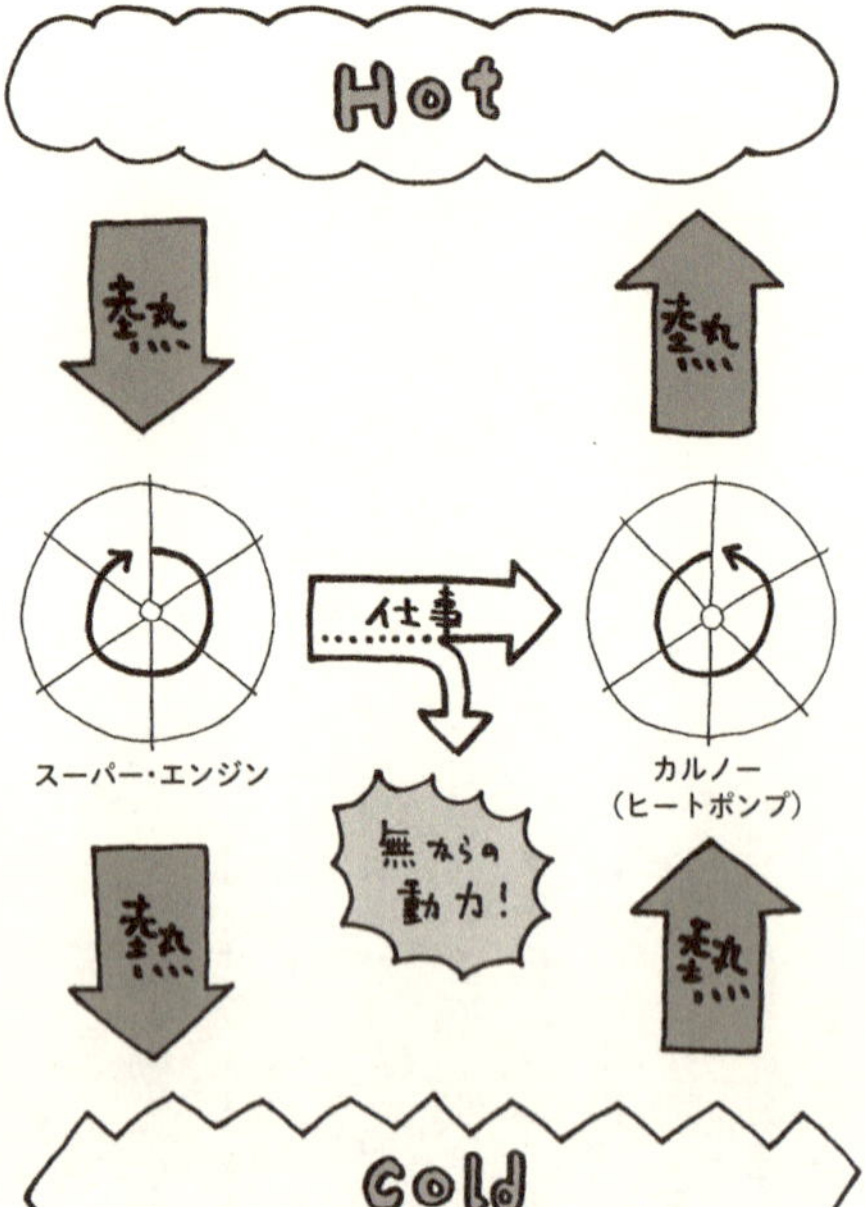

図1－11　「カルノーの原理」の証明（黎明編）
スーパー・エンジンは存在しない
（サディ・バージョン）

もし仮に、形やら材質やら作業物質やらを工夫することで、このカルノー・サイクルを超える効率で熱から動力を引き出せるエンジンが造りだせたとしよう（図1－11）。それを1サイクル動かすと、ある量の熱が流れ落ちると同時に、動力が取り出せる。続いて、この動力を利用し、今度はカルノー・サイクルを逆に回してみよう（つまりヒートポンプである）。1サイクル回すと、いましがた流れ落ちた熱をそっくり元に戻すことができるが、その際に消費する動力は、最初に得られた動力より少ないことになる。

だから、この組み合わせで延々とサイクルを回しつづければ、熱を高温と低温の間で往復させるだけで、未来永劫、無限に「無」から動力が得られる「永久機関」ができてしまうことになる。これは実現不可能だ。したがって背理法により、カルノー・サイクルを超えるエンジンは存在しないのである（ただし、同じ最大効率を持つ別のエンジンは存在してもかまわない）。

水力の最大効率、衝撃回避の重要性、永久機関の不可能性。これらはいずれも、父ラザールが執筆した機械学の教科書で強調されている点であった。水車のイメージは、父から子へと受け継がれたのである。

隠された法則

ところで結局のところ、このベスト・エンジンの効率を規定する決定的な要素は何か。カルノー・サイクルの作業物質は何でもよい。炉で燃やされる燃料の種類も関係ない。それどころか、ピストンも、シリンダーも、エンジンの形すら無関係なのである。唯一、本質的なのは〈温度〉なのだ。それさえ指定すれば、最大効率は一義的に定まる。いかなる熱エンジンも、その限界を超えることはできない。以上のことから、サディは驚愕の最終結論に到達する。

――熱の流れから引きだすことのできる動力の量には原理的な限界があり、どうやってもそれを超えることはできない。この限界は燃焼炉と冷却器の温度のみによって決まり、熱エンジンの構造や作業物質によらない。（カルノーの原理）

以上がサディの理論の骨子である。エンジンというものの抽象化において、そこには足りないものは何もなく、余分なものも何もない。科学史家カードウェルによれば、

「科学の歴史において、これ以上に効果的な抽象の例を考えることは非常に難しい」

ところで、動力の運び手である〈熱〉とは、そもそもいったい何なのだろうか？

サディは少なくとも当初は、それを「熱素」であると考えていた。「熱とは熱素という物質である」と考える「熱素説」は、今日の目から見れば歴史的誤謬《ごびゅう》、愚かしい回り道に過ぎず、したがって科学史のほかでは紹介すらされないことも多い。しかしサディの時代には、熱素説はその絶頂期にあり、数学的に洗練され、実験でもそこそこ裏づけられた理

論体系として、事実上すべての科学者が疑問の余地なく受け入れていた。

熱素説とは、煎じつめれば結局は、「熱量保存則」のことである。それはカルノー・サイクルにおいては、高温で吸収される熱量と、低温で放出される熱量が等しいことを意味する。いま見れば、これは明らかに間違っている。エネルギー保存則から、吸収した熱量のうち一部は動力（外部への仕事）に変換されてしまうので、放出する熱量はその分、減ってしまうからだ。だから〈水〉＝〈熱〉という魅力的なアナロジーも、実は誤りだったわけだ。

しかし、サディの時代にはそもそも「エネルギー」という概念がないのだからその保存則もないわけで、その前身ともいうべき「熱量保存則」がどっしりと構え、科学を支配していた。いまの証明（背理法）においても、熱素説にもとづいて、放出熱がエンジンの如何によらないという暗黙の仮定が置かれているので、そのままでは正しくない。後述するように、これは後年、トムソンを悩ませ、その解決はクラウジウスによる修正を待たねばならなかった。

結果として、熱と動力の具体的な関係に、疑問符が残った。そのため、サディの言うところの「熱の動力の限界」という結論が、いまのわれわれには、かなり曖昧に感じられるかもしれない。それって「有限の燃料からは無限のパワーは得られない」という、当時から知られていた「永久機関は不可能」という話と、結局は同じじゃないのか？　どこが違うというんだろう？

実は、これがまったく違うのである。そして、この違いこそが熱力学と、エントロピーの本質なのである。補足すれば、こういうことだ。

（1）われわれが「熱の流れから引きだすことのできる動力の限界」に到達できるのは、カルノー・サイクルのような理想的なプロセスの場合のみである。その場合、その限界効率は、温度のみの関数（いわゆる「カルノー関数」）として**定量的**に定まる。この値は物質・装置の如何《いかん》によらない。

（2）現実のすべてのプロセスはこの限界値に到達することができず、動力は不可逆的・不可避的に浪費されてしまう。

このうち（1）が意味しているのは、いうなれば、何らかの未知の**絶対法則**の存在である。その法則が、与えられた熱量のうちどれだけが動力になりうるかという限界を決するのだ。それは、エネルギー保存則とはまったく異なる何かである。「エネルギーが保存される」というだけのことであれば、熱量と動力の収支決算が合ってさえいればよいので、限界効率が0％と100％の間のどこでもよいことになるからだ。

さらに、この法則が物質の如何によらない厳密な法則であるということは、裏を返せば、どんな物質でも、この法則を満たすような性質を己のうちに備えていなければならないということである。たとえば温度、圧力、体積などの関係式（状態方程式）、密度、比熱、膨張率、圧縮率などの各種の物性は、この法則に反することのないように、強い定量的な関係で互いに束縛されているのだ。これは気体に限らない。作業物質は何でもよいのだ。だからこの法則は、この世のあらゆる物質を支配し、束縛するユニバーサルな原理なのである。

これこそが、今日に至るまで、「熱力学」なる学問がかくもパワフルである理由なのだ。現代の熱力学の教科書を眺めると、それこそサディが夢想だにしなかったであろう各種数式が、これでもかと山のように羅列されている。そのすべてが、実験科学者から見ると、まるで魔術のごとき関係式であって、大切だが測定困難な物性（たとえば固体の定積比熱）と、容易に測定・計算できる物性（たとえば熱膨張率や圧縮率）とが、等式で結びつけられている。つまり、喉から手が出るほど知りたくてたまらない（が測定できない）データを、なぜかは知らねど手元の物性データと電卓で、あっさりと弾き出すことができてしまうのだ。

なぜこの二つが等しくなるのか、いくらにらみ続けてもわれわれには（直観的には）皆目見当がつかない。それでも、厳密に等しいのである。いわば「カルノーの見えざる手」がそこに潜んでいるのだ。

加えて（2）は、この法則が、この世のすべてに見られる不可逆性——覆水盆に返らず——と深く関わっていることを示唆している。これもエネルギー保存則とは根本的に異質な性質である。エネルギー保存則は、物事がどちらの方向へ進むかなど、一切教えてくれないからである。

サディの理論はまた、将来のエンジン開発が進むべき方向を正しく予見していた。たとえば、水蒸気は気化により爆発的に膨張するから、一見、空気よりもずっとパワフルに思える。だが、それは効率という観点からはむしろ欠点なのだ。この洞察が、のちのディーゼルなど、高効率の内燃機関へとつながってゆく。ディーゼル・エンジンの作業物質は空気であり、カルノー・サイクルと非常に似ているのである。

ところでお気づきのように、ここまでの議論はあくまで抽象的で、熱と動力の具体的な関係に踏み込んでいない。それもそのはず、当時、サディが利用できた実験データや経験則はお粗末で、当てにならないものが多かった。だが、定量性は科学の要である。時代の制約に縛られながら、それでもサディは先へ進んで、熱と動力の定量的な関係を突きとめようと悪戦苦闘した。その試みには、成功したものも誤りだったものもある。

実際、本文中で数式を用いることを極力避けようとしたサディも、脚注ではかなり踏み込んだ解析と計算を試みている。その目立たない一ヵ所では、気体の比熱が温度によらず一定であるという仮定のもとに、「カルノー関数が温度の一次式で表される」という、ほとんどのちの絶対温度の概念にまで肉薄していた。この仮定は理想気体について正しい。ただし彼にとって、この仮定はあくまで近似的な作業仮説にすぎなかった。死が彼を捕えるまでに、結論を煮つめることはついにかなわなかった。

第2章

わが名はエントロピー

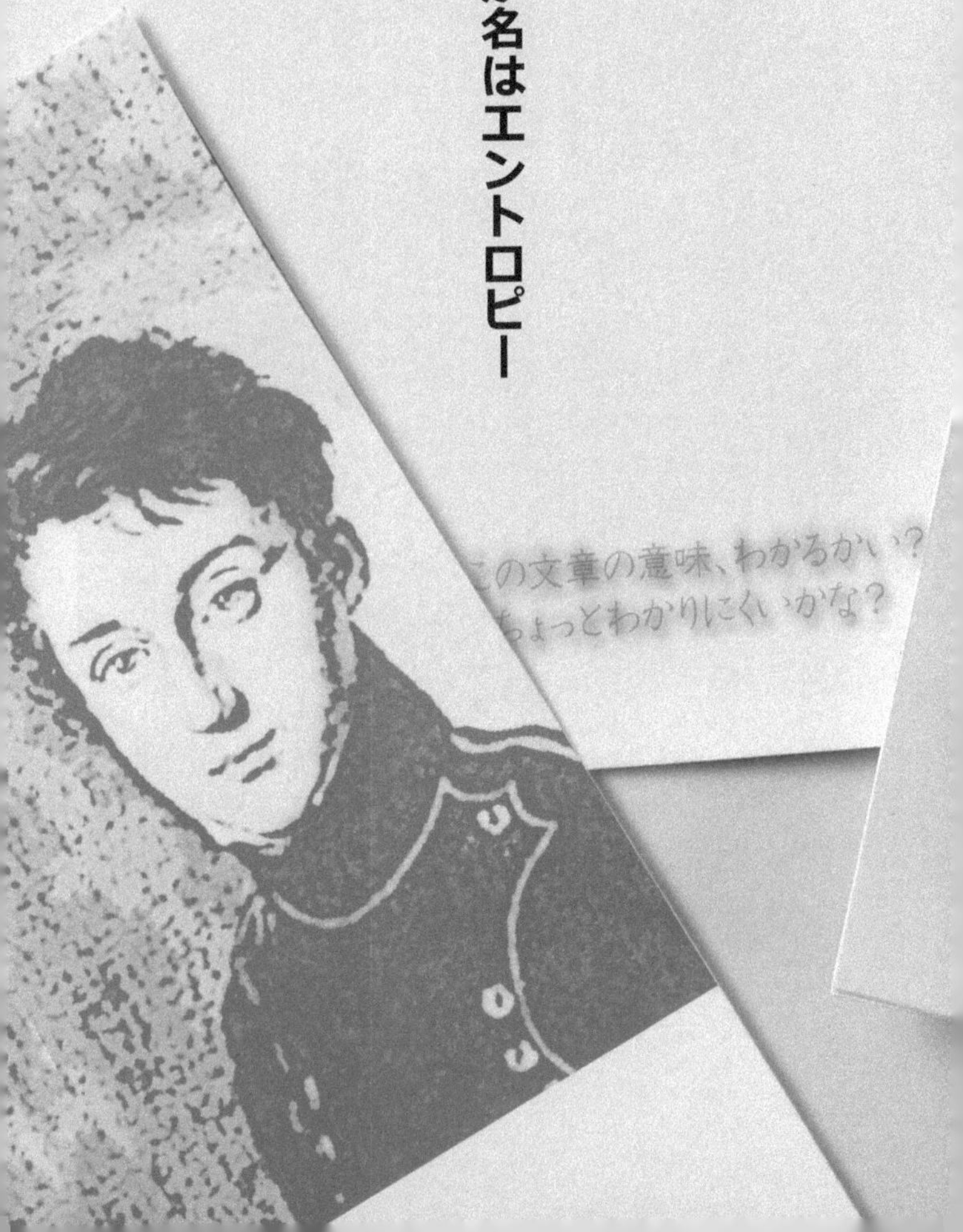
この文章の意味、わかるかい？
ちょっとわかりにくいかな？

苦悩するサディ

サディの死後、半世紀がたって（1878年）、奇跡的に焼却を免れた遺稿が弟イッポリートによって見いだされ、公表された。これらは、実は『火の動力』の出版（1824年）とほぼ同時期もしくは直後に書かれていたとみられている。驚くべきことだが、このなかでサディは、熱素説を完全に否定している。そして、エネルギー保存則に到達しているばかりか、後述するマイヤーが20年後に行ったのと同等の、「熱の仕事当量」の計算にさえ成功していたのである。世界はそのことを、後々までも知ることはなかったのだが。

熱素説が誤りならば、サディ自身の理論も間違っているのだろうか？　いくつかの議論は明らかに誤りだった。では、本質的にはどうなのか？

のちに登場するクラウジウスやトムソンが明らかにしたのだが、熱量保存則は無限小サイクルの極限で成立するので、熱素説が破れてもサディの議論の多くは正しい。だが、当のサディはまだ、それを知らない。理論をきちんと救い出すためには、その基礎部分をどのようにつくり直したらよいのだろうか？

サディは人知れず、相当に苦悩したらしい。父はもういない。孤独な戦いが続いた。やがて熱を出し、体力も落ちていった。コレラがこれにとどめを刺した。

早すぎた天才一人の肩には、あまりにも荷が重すぎたに違いない。それは次世代の天才たちが束になってかからねばならぬ巨大事業だったのである。そもそも、理論的にも実験的にもそれなりに確立していた熱素説を葬り去らねばならないということは、量子論や相対性理論にも先んじた、文字通りの大変革を意味していた。こんなことは科学の歴史上、いまだかつてなかった。

熱素説に引導を渡すためになくてはならなかったのは、「エネルギー」という概念だった。

エネルギーの発見

ところで、今日われわれは何の疑問をもつこともなく、平然と「エネルギー」なる言葉を連発しているが、では「エネルギーとは何ですか？」と問われると、はたと困惑する。答えようがないからだ。実はこれは科学者とて同じで、エネルギーとは「〈変転〉するが〈保存〉する何者か」である、としか説明のつかないものなのである。

エネルギー保存則によれば、エネルギーは位置エネルギー、運動エネルギー、電気エネルギー、化学エネルギー、熱エネルギー、核エネルギーなどさまざまに形を変えて存在する「何か」で、それらは互いに変換するが、その総量は増えも減りもせず、常に一定である。実体はなく、保存則だけが空中に浮かんでいる、チェシャ猫みたいなもの、と言うことすら可能である。

だからエネルギーそのものをわれわれがイメージすることは難しいはずなのだが、なぜか不可

図2-1　マイヤー
（1814-1878）

思議にも現代人は「エネルギーとは何ぞや？」と夜も眠れずに悩むことなく、日々暮らしている。しかも、エネルギー問題を得々と論じてさえいる。結局、何となくわかってしまう――もしくはわかった気になっている――のがエネルギーなのである。

しかし、われわれの日常生活では、エネルギー保存則が決して自明でないことは言うまでもない。落とした財布が地面で跳ね返って手元に戻ることはない。電池は消耗する。燃料は燃えたらそれきりだ。どう見ても、エネルギーはなくなっていくように思える。これが「見かけ」だけであることを見抜くためには、尋常ならざる眼力を必要としたのである。

エネルギーについて、このような「可変だが不滅なる何者か」であると最初に定義したのは、ドイツ人の船医ユリウス・ロベルト・フォン・マイヤー（図2-1）であった。しかし、26歳の彼がエネルギーの概念を初めて論文にまとめた1841年、業界の事情は今日とは180度違っていた。まあ無理からぬことだが、こんなチェシャ猫は科学ではないと見えたのである。この論文は編集者から、即座に却下された。現在、それは科学史上もっとも偉大なるトンデモ論文として知られている。

後世に残る先駆的論文が最初は理解されないということはままある。しかし、マイヤーの功績を痛いほど知る今日の歴史家ですら異口同音に、この論文は出なくて幸いだったと評するというのは、これはもう度肝を抜くトンデモであると言わねばならない。事実、マイヤーは最初、物理学に関してズブの素人だった。「懸命に働く鍛冶屋は汗をかく」であるとか、これに類するような観察から、一気に「仕事と熱の等価性」という最終結論を召喚できたらしい。神がかり的でさえあるが、熱素説をろくに知らなかったのがむしろ幸いしたのだ。

図2-2　ジュール
(1818-1889)

「パラノイア的」ともいわれた性格からか、その後もマイヤーはめげずに、嘲笑に耐えつつ物理を猛勉強し、さらに論文を書く。理論の完成度は高まり「熱の仕事当量」の計算にも成功するが、なおも無視され、笑われつづける。とうとう自殺を図り、精神病院に収容されてしまった。ようやくその功績が評価され、栄誉が与えられたのは1871年、マイヤーの晩年のことであった。若かりし彼の頭に突如降臨した〈エネルギー〉という概念に、現代のわれわれが、かくも自然に馴染んでいるのを見

図２－３　ウィリアム・トムソン（ケルビン卿）
（1824-1907）

たら、彼は泣くだろうか。笑うだろうか。

マイヤーのエピソードはドラマティックではあるが、エネルギー保存則に関して決定的な役割を果たしたのは、もちろんイギリスのジェームズ・プレスコット・ジュール（図２－２）である。アマチュアながら天才的実験家であった彼は、電磁誘導や圧縮タンクを巧妙に利用し、小数点以下２桁、３桁という当時としては驚異的な精度で温度を測定することによって、粘り強く「熱の仕事当量」の決定を繰り返してゆく。だが、精度がよすぎるのが裏目に出て、胡散臭い目で見られてしまう。ジュールもまた、何年もひたすら無視されつづけた。学会発表でも邪魔者扱いされ、１８４７年、29歳のときにはついに、常連だった化学部会から数学・物理部会へと厄介払いされてしまった。

だがこのとき、ある人物との運命的な出会いが待っていた。ウィリアム・トムソン（図２－３）。のちのケルヴィン卿である。

父と兄が大学教授、生まれも育ちも申し分なく、英才教育を受けたサラブレッド。フランス留学から帰国するや、22歳にしてグラスゴー大学教授に就任したトムソンは、その翌年のあるとき、ジュールの講演を聴く機会を得た。

トムソンはジュールの話に、激しい衝撃を受けた。というのも彼自身、兄と並んで水車をぼんやり眺めていた幼少のころから不思議に思い、考えつづけていたのは、水がしぶきをあげて落ちるとき、無駄になってしまった動力はいったいどうなるのか、という疑問だったからである。それが熱に変わり、そのため水はほんの少し熱くなる、というジュールの主張は、まさに目からウロコだった。が、熱素説に信を置き、石橋を叩いて渡る性格の彼は、それをおいそれとは信じない。以来、長年にわたり、トムソンとジュールの緊張に満ちた共闘関係が続くことになる。

これにドイツのクラウジウスが加わり、カルノーの原理を台風の目とするデッドヒートの果てに、ようやくエネルギー保存則とエントロピーの概念が確立し、熱力学が人類の前にその全貌を現すのである。

二つの理論の「矛盾」

話をサディ・カルノーに戻そう。

サディは一見、無秩序・無関連に思える概念、理論、実験データの寄せ集めから、見事に一貫した単一理論を組み上げた。しかし、その業績は——それどころか、そのような人間が存在したという痕跡すら——彼の死とともに忘却の彼方に沈んでゆくように見えた。

だが幸いにも、彼の放った矢を、その松明の光が消える直前に拾い上げた者がいた。エミール・クラペイロン。サディより3歳年下の土木技師である。サディの死から2年後の1834年、彼はどういうわけか単発的に、専門外の論文でカルノーの原理を取り上げ、定量化への一歩を踏み出したのである。しかし、これも学会からはあっさりと無視された。クラペイロン自身はそれっきり、手を引いてしまった。

さらに忘却の10年が過ぎた。そしてようやく、『火の動力』出版の年に生まれたトムソンは、クラペイロンの論文を通してカルノーの原理を知る。矢は今度こそついに、それに値する男に拾い上げられたのだ。

カルノーの原理をただちに評価したトムソンは、1845年のフランス留学の折、原著をどうしても読みたくなった。だが、図書館や古本屋をいくら探し回っても見つからない。そもそも誰一人として、その本の存在を知らなかった。その後も苦労を重ね、ようやく入手したのが、帰国してジュールと出会った翌年の1848年のことだった。それでも彼はまだ、運のよいほうだった。このあと紹介するクラウジウスなどは結局、最後まで入手できず、クラペイロンとトムソンの論文を通してのみ、カルノーの原理を知ったのである。

トムソンがサディの原著を入手できたという幸運は、その後の熱力学の成立にとってもかなり重要だったようだ。というのもサディ自身、原稿がゲラ刷りになった段階で熱素説に重大な疑念を抱きはじめ、その懸念を校正中に書き加えているからである。その原文を目にしたことが、石橋を叩くトムソンの背中をついに、熱素説の否定へと押したのは確かだからだ。死せるサディが生けるトムソンを走らせたのである。

しかし、それでもトムソンは、どうしても新世界への最後の一歩を踏み出すことができなかった。なぜなら、彼に強い影響を与えた二つの理論が、どう見ても矛盾していたからである。サディが確立したカルノーの原理は、熱から仕事への変換には限界があることを示していた。ジュールが決定した熱の仕事当量は、熱と仕事の等価性を示していた。この二つが両立するなどということは、到底ありえないと思われた。

右手にサディ、左手にジュール。二者択一、どちらかが誤りであり、葬り去られねばならぬ。トムソンはそう思い込んでいた。それは、ジュール自身も同じだった。

クラウジウスの偉業

ここで登場するのが、もう一人の天才――ドイツの砲兵工科学校で物理学の教師をしていた、ルドルフ・クラウジウス（図2-4）である。

――サディ・カルノーとジュールは、どちらも正しい。矛盾は解消できる――

彼は二つの理論の間に横たわる越え難いハードルを、単一原理ではなく、二つの原理を打ち立てるという離れ業で、鮮やかに撃破してみせたのである。

逡巡するトムソンに一歩先んじて、1850年、クラウジウスはついに、熱力学の夜明けを告げる記念碑的論文にたどり着いた。この世界のすべてを支配する原理——熱力学における二つの法則を高らかに宣言し、「エントロピー」という概念を打ち立てたのである。

図2-4 クラウジウス
(1822-1888)

クラウジウスの人となりは、あまり詳しく知られていないようだ。熱力学の確立に関するトムソンとの先陣争いが有名なことから、何やらアグレッシブな印象をもって語られることが多く、「狂信的国粋主義者」などというレッテルを貼られてしまうこともある。残っている写真を見ても、写真うつりが悪いというか、失礼ながらかなり怖い顔をしているので、妙に納得してしまう。

しかし、どうやらこうした偏見はフェアではなく、当時、イギリスで教科書を書いていたテイトという男がクラウジウスをこき下ろしたのが原因らしい。テイトはエントロピーについても理解していなかったので、一時はあの天才中の天才マクスウェルですらエントロピーを誤解していた。

カルノー・サイクル再び

では、クラウジウスがいかにしてその偉業を成し得たのかを、実際に見てみよう。それには、サディが完成させたカルノー・サイクルをいま一度たどることとなる。クラウジウスは、その本質部分はキープしつつも、熱は高温から低温へ移動すると同時に、一部が消費されもすること、しかも、その収支は仕事と一定の関係にあることを正しく看破した。

前に述べたように、このサイクルの本質は、吸収された熱（q_h）、放出された熱（q_c）、取り出された動力（外界に対してした仕事＝w）という三者の関係につきる。

ジュールによる熱と仕事の等価性は、これら三者の収支決算が釣り合っていることを意味する。すなわち

$$q_h - q_c = w \qquad (1)$$

である。仕事として消費された分だけ、出ていく熱は減らねばならない。

一方、カルノーの原理は、この三者の量的関係――最大効率（w/q_h）、つまり与えた熱のうち何パーセントが動力になりうるかを教えてくれるはずだ。これは温度さえ指定すれば一義的に定

まり、どんな作業物質を使うかにはよらないという。

だが、そもそもカルノーの原理はそれ自体、正しいのだろうか。というのも、前に用いた証明(背理法)は、そのままでは使えないからだ。仮想的なスーパー・エンジンは、仕事が多くできる分だけ捨てる熱が少ないはずだから、逆向きにカルノー・サイクル(ヒートポンプ)を回しても、熱をぴったり元に戻すことができないのである。

そこでクラウジウスが採った解決策はこうだ(図2-5)。

それなら、スーパー・エンジンで得られた仕事を100%フル活用して、ヒートポンプを回そう。この仕事量はカルノー・サイクルより多いのだから、ヒートポンプは一回転を超えて回ることになるはずだ。つまり正味の結果としては、低温から高温へと移るときのほうが、熱が余分に汲み上げられたということになる。これを延々繰り返せば、動力をまったく消費することなしに、熱をいくらでも低温から高温へ汲み上げる永久機関ができてしまう。そんなことができるはずはないから、カルノーの原理はやはり正しい。スーパー・エンジンなどない。カルノー・サイクルはやはり、最強のエンジンなのだ——。

ところで、この証明でクラウジウスが考えた永久機関は、サディが考えていた「無から動力を生み出す永久機関」(第一種永久機関)とは微妙に異なっている。それはエネルギー保存則を破るわけではなく、ただ低温の側から熱エネルギーを吸い上げて高温側へ積み上げてゆくだけ(第二種永久機関）なのだ。

これは本当に不可能なことなのだろうか？　少なくとも、クラウジウスは不可能であると確信していた。そして、これを第一法則（エネルギー保存則）とともに自然界を支配する原理と位置づけ、「熱力学第二法則」と名づけた。すなわち、

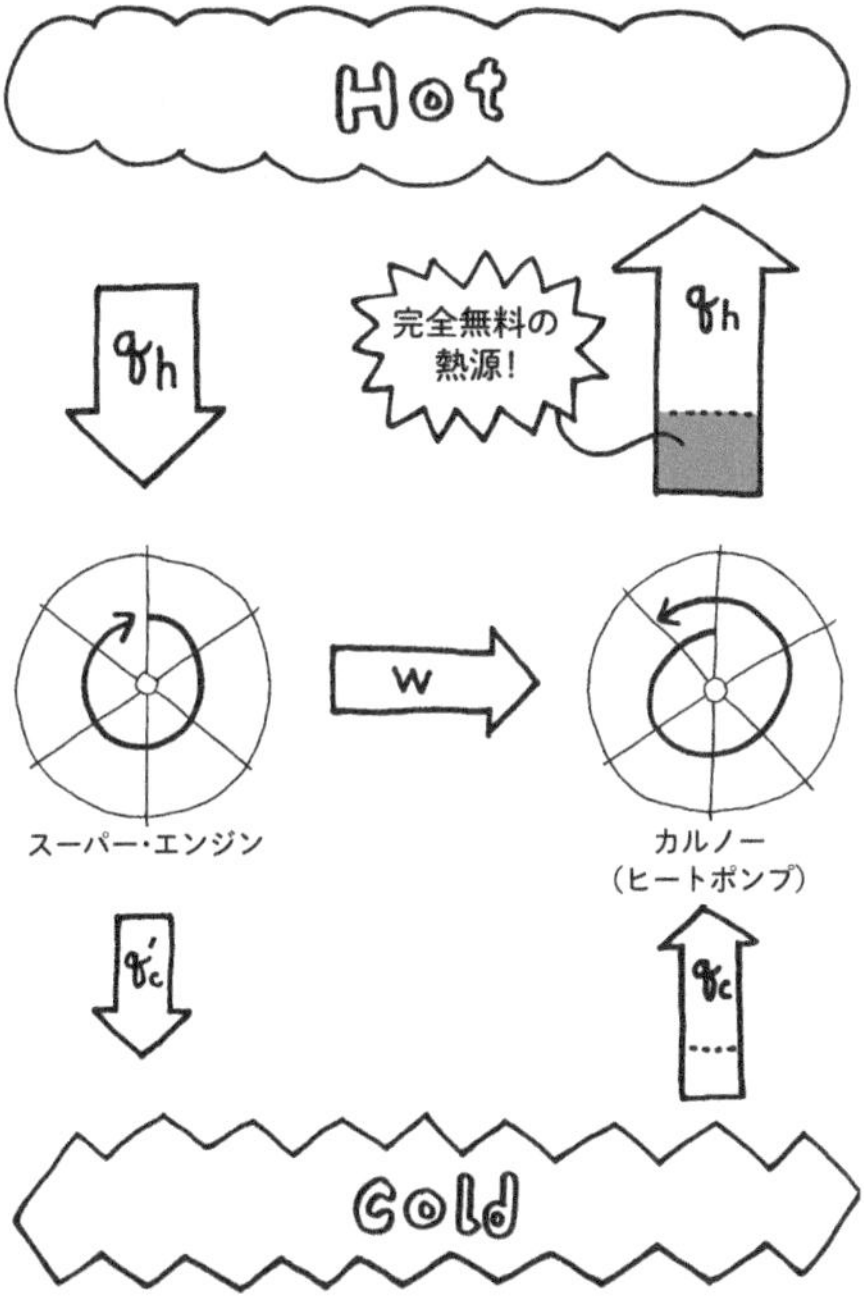

図2－5　「カルノーの原理」の証明（完結編）
スーパー・エンジンは存在しない
（クラウジウス・バージョン）

熱が低温から高温へ自発的に流れることはない。

という法則である。

意外なことだが、この第二法則は、当時、必ずしも自明の真理というわけではなかった。それどころか、実は現在でも自明ではないのである。

たとえば、レンズで太陽の光を集めて紙を焼くという実験を考えてみよう。このとき、レンズがつくる焦点の温度が太陽の温度を超えることはないのだが、これは決して自明のこととは言えまい。実際、ときに第二法則は第一法則ほど盤石ではないと見えることがあり、それを反映してか、第二種永久機関——大量の海水から熱を集めてエンジンを動かすとか——は現在に至るまで綿々と、手を替え品を替えて「発明」されつづけている。なかにはきわめて巧妙で、ちょっと見ただけではどこが不可能なのか、発明者当人を含めて誰にもわからないことも多い。なんと、特許を取ってしまったものすらある。熱力学の格好の演習問題といえるだろう。

30年越しの関数

さて、ここからさらに、カルノーの原理の定量化へと進むためには、実際にカルノー効率が何パーセントになるのか、その値を温度の関数として具体的に決定しなくてはならない。ここでは最短コースでトライしてみよう。物質は何でもよいのだから、いちばん簡単な「理想気体」を用いるのが賢いだろう。

まずは、等温膨張で吸収された熱を求めよう。理想気体では分子間力がなく、温度一定ならば気体内部に新たに蓄えられるエネルギーもないので、等温膨張時に吸収された熱（q_h）はすべて、動力へと変換される。この動力は膨張時の圧力（P_h）に比例するはずだ。同様に、等温圧縮時に放出された熱（q_c）も圧縮で消費された動力に等しく、それは圧縮時の圧力（P_c）に比例する。

体積が等しい場合、理想気体の圧力は絶対温度に比例するから、結局、熱の比は式(2)となる。

$$\frac{q_c}{q_h}=\frac{P_c}{P_h}=\frac{T_c}{T_h} \qquad (2)$$

したがって最大効率は式(3)となり、首尾よく温度のみの関数として決定できた（以上の議論は多少粗っぽいが、体積積分を用いた厳密な計算と結果は同じである）。

$$\frac{w}{q_h}=1-\frac{q_c}{q_h}=1-\frac{T_c}{T_h} \qquad (3)$$

式(3)が、今日の教科書に載っているカルノー効率の公式である。ここでは理想気体で求めたが、すべての作業物質について成り立つユニバーサルな結果であるということを再度確認しておこう。事実、1835年に開発されたファウエ・コンソルズ機関という蒸気機関では、すでに理論カルノー効率（31％）に迫る高効率を実現している。

この式は拍子抜けするほど単純なものだ。しかし、歴史的には「カルノー関数」の決定という、30年近くに及ぶ大問題であった。カルノー本人に始まり、クラペイロン、ヘルムホルツ、トムソン、そしてクラウジウスへと連なる、天才たちの苦闘の成果である。それは熱素説の否定のみならず、理想気体とは何か、分子間力とは、比熱とは、仕事とは——といった根本的疑問の解明。それに加えてとりわけトムソンの、執念に満ちた（温度計の材質によらない）「温度の絶対尺度」への探究のもたらした果実だった。こうしてトムソンが、次いでクラウジウスが、「絶対温度」という概念にも到達した（1854年）。

しかし、クラウジウスはここで立ち止まらなかった。自らの見いだした「第二法則」だけでは飽き足らぬ彼の頭の中では、「未知の絶対法則」を具現化するなにものかの姿が、徐々に立ち現れつつあった。彼がその概念を〈エントロピー〉と名づけるのは、実に11年後、1865年のことである。

エントロピーの発見

従来の科学とはあまりにもかけ離れた、根本的に異質な概念。ライバルのトムソンですら、終世受け入れることが難しかった概念。それはどのようなものなのだろうか。

種を明かせば、それは前述のカルノー・サイクルの式(2)から、ほんの一歩踏み出したところ

——小学生でもわかる式の変形にあったのである（式(4)）。だが、この式がいったい、何を意味しているというのだろうか。

ここでいま一度、水車のアナロジーを思い出してみよう。エネルギーの運び手が〈水〉＝〈熱〉であるというアナロジーは破れた。熱は保存されず、一部が動力として消費されてしまうからである。だが、この式(4)は、何か別の「運び手」を暗示してはいないだろうか。

$$\frac{q_c}{T_c}=\frac{q_h}{T_h} \qquad (4)$$

$$\mathrm{d}S=\frac{q_h}{T_h}=\frac{q_c}{T_c} \qquad (4')$$

この式は、熱が吸収される場面でのq_h/T_hなる量と、放出される場面でのq_c/T_cなる量が、等しいと言っているのである。言い換えれば、カルノー・サイクルの間に、式(4′)で表される$\mathrm{d}S$という量の〈何者か〉が、熱とともに、そっと闇にまぎれて人知れずエンジンに運び込まれ、また運び出されたことになるではないか（図2－6）。

ここに、アナロジーは復活する。水車の〈水〉に相当するエネルギーの運び手は熱ではなく**〈熱÷温度〉**だったのだ。背後霊のように〈熱〉の背中に取りついて動くが、〈熱〉そのものではない何か。それは目に見えない。そして、実はこれこそが、宇宙の究極の支配者、いまだかつて人類の前にその姿を見せることのなかった〈灼熱の討ち手〉なのである。

クラウジウスはこの量を、熱が物体の内部で変換されたものととらえ

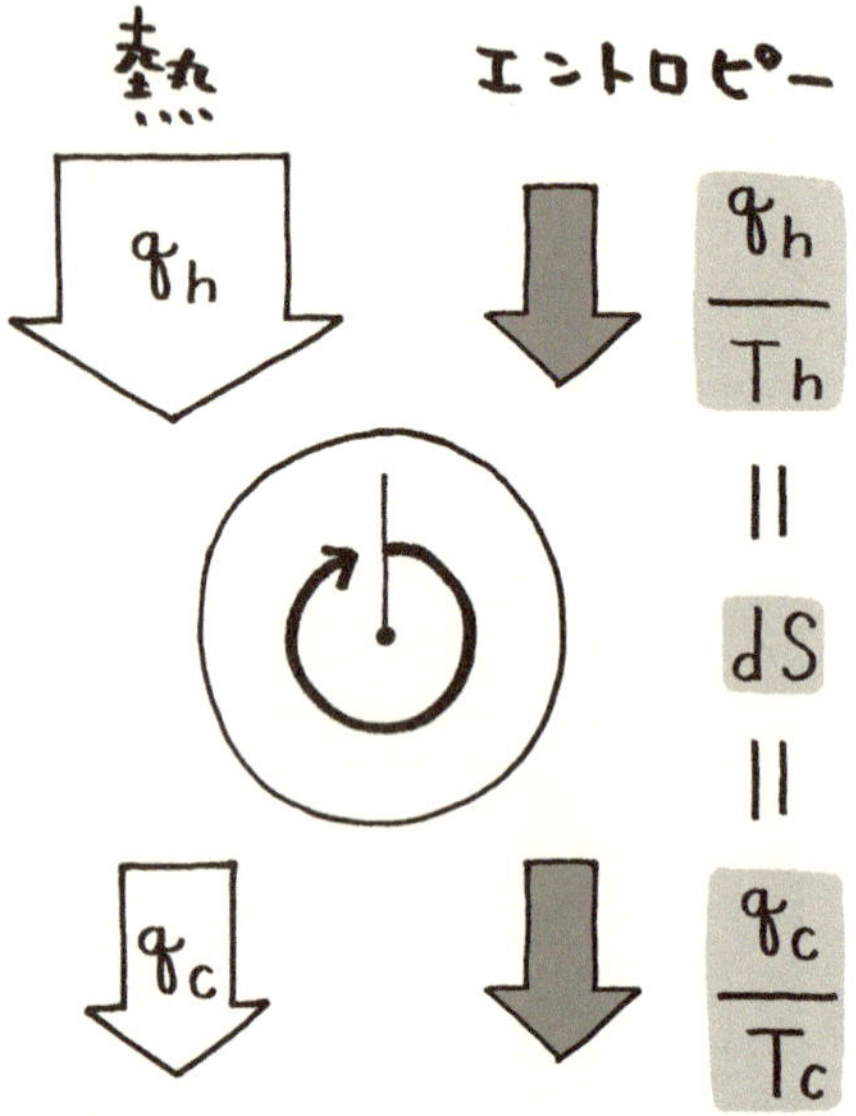

図2-6　隠された流れ
〈何者か〉が、熱とともに背後霊のように運び込まれ、また運び出される

て、ギリシア語で「変換」を意味する「トロペー」からとって「エントロピー」と名づけた。エネルギーと双対《そうつい》をなす根本概念なので、語感も意図的にエネルギーに似せたのである。なお、エントロピーを表すのに使われる「S」なる記号は、この語とはまるで無関係なのだが、これは彼が理論を展開するにあたってとくに深い意図もなく、適当な記号を選んだためである。パイオニアとはえてしてそういうもので、記号や関数が先に飛び出してきて、その意味や名前は10年後、20年後にようやく固まってきたりする。今日、われわれが「S」を用いるのは、ひとえに「クラウジウスが使ったから」というだけの理由による。始祖に敬意を払っているわけだ。

ちなみに「エネルギー」という語は、ヤングがかつて運動エネルギーの意で使ったが、現在の意味では1849年にトムソンが最初に用いたとされる。

一般に、カルノー・サイクルのような可逆過程において、エントロピーの搬入・搬出量 dS は熱の搬入・搬出量 q と絶対温度 T から、式(5)で求められる。これこそクラウジウスの式——エントロピーの熱力学的定義である。なお、この式は可逆過程に限られるので、式(5′)のように書いてそれを明示することも多い（エントロピーの記号 S に d をつけるのは、微分で使うような微小な変化量という意味である）。クラウジウスのこの式から、エントロピーは熱のみに関係し仕事は無関係であること、また、可逆な断熱過程ではエントロピー変化がゼロであることがわかる。

$$dS = \frac{q}{T} \qquad (5)$$

$$dS = \frac{q_{rev}}{T} \qquad (5')$$

エントロピーは状態量である

さらにクラウジウスは、エントロピーについてきわめて重要な二つの性質を導きだした。

第一の性質は、エントロピーが、たとえば体積などと同様に「状態量」である、ということである。すなわち、温度・圧力など物質の状態を指定すれば、どのようにしてその状態になったのかという「そこへ至る道筋」によらず、一義的に定まる。それは別の言い方をすれば「歴史や記憶を持たない」ということだ。

われわれは、0℃で1気圧の気体の体積が、それが以前は何℃だったのかとは無関係に定まる（だからこそ状態方程式が成立する）ということを知っているから、それを当たり前のように感じているが、エントロピーのような「隠れた量」の場合には、これは決して自明のことではない。しかし、カルノー・サイクルの往復経路と「運び手」の収支を考えれば、次のように理解することができる。

熱を吸収する直前の状態をA、放出する直前の状態をBとしよう。ここではエンジンや水車のイメージからいったん離れ、一合目（A）から山頂（B）へ至る、往路・復路2本の登山道を思い浮かべるとわかりやすいかもしれない（図2－7）。

AからBへの往路では、熱の吸収に伴って、dS（$=q_h/T_h$）という量のエントロピーが運び込まれる。したがって、もともとエンジン内部の作業物質が持っていたエントロピー（A点におけるエントロピー）をS_A、作業物質が熱を放出直前まで吸収したB点におけるエントロピーをS_Bとすれば、

$$S_B = S_A + dS \qquad (6)$$

である。次いで、BからAへの復路では、熱の放出とともに同じだけのエントロピーdS（$=q_c/$

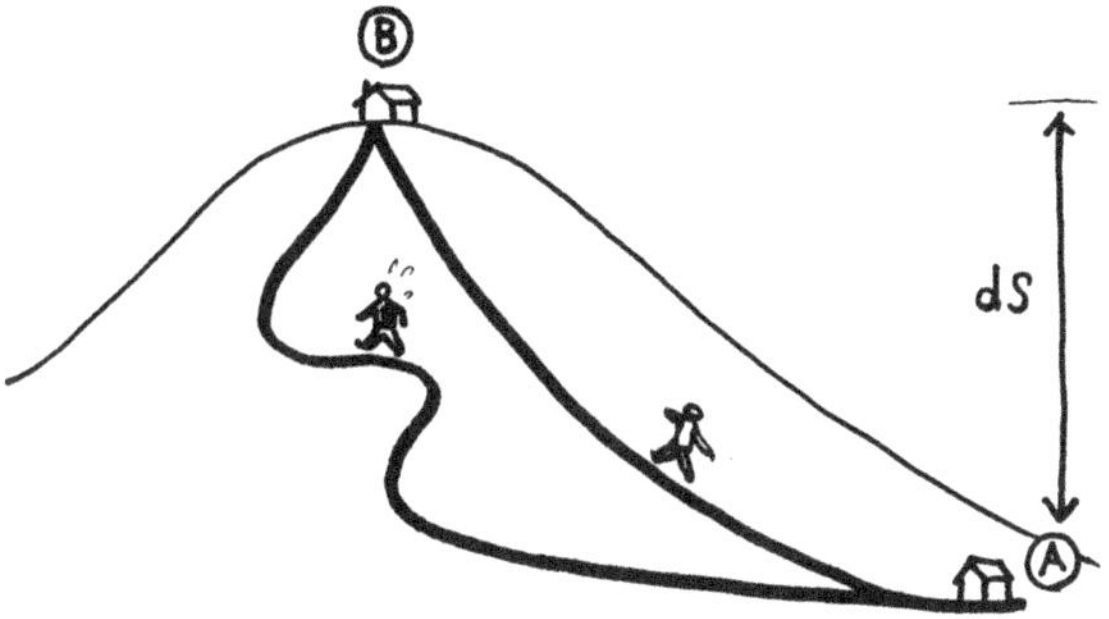

図2－7　エントロピー登山
山の高さのように、通る道に関係なくエントロピーが定まる

T_c）が運び出されるから、エントロピーはむろん、元のS_Aに戻る。

さて、この状況を山頂B点から俯瞰してみる。A点からB点へは、往路で来ても復路を逆行して来てもよいのだが、どちらにせよB点のエントロピーは、S_Bで同じである。つまりは山の高さのようなものであり、どちらの道を通るかに関係なく、一義的にエントロピーが定まるということになるわけだ。

ただし、これは熱自体の収支には当てはまらないことに注意しよう。エンジンに運び込まれる熱の量は、往路（q_h）と復路逆行（q_c）では明らかに異なるからだ。山頂でどれだけ汗をかいているかは、選んだ道筋によるのである。

以上の議論を拡張して、カルノー・サイクルをパッチワーク的に適宜、用いることで、一般的な証明ができる。すなわち、表に出ている熱や仕事そのものは道筋による量だが、裏に潜む曲者、エントロピーは、道筋によらない状態量なのである。隠れているのに状態量——やはりこやつは、ただものではない。

エントロピーは増大する

第二の重要な性質として、エントロピーは可逆過程で一定であり、不可逆過程で増大する、というものがある。これは第二法則の根源に関わる性質なのだが、とくに初心者には敷居が高い。いましがた、エントロピーは状態量であると言ったばかりではないか。状態を決めれば定まるはずの量が、どうして不可逆過程では増えたりできるのか。たとえば物体の体積がいつのまにかひとりでに増えているなんてことがあったら、気持ち悪いではないか。

では、これもカルノー・サイクルを回しながら具体的に見てみよう（図2-8(a)）。くどいようだがサイクルをひと回しすると、熱の吸収（q_h）とともにエントロピーが搬入され（$dSin = q_h/T_h$）、仕事（w）がなされてから、残りの熱とともにエントロピーが捨てられる（$dSout = q_c/T_c$）。サイクルが可逆過程の場合なら、最大効率が達成され、エントロピーの収支は釣り合っている（$dSin = dSout$）。燃焼炉＋エンジン＋冷却器という装置全体を考えても、炉から流れ出たエントロピーは $dSin$ であり、エンジンのエントロピーは（状態量だから）その収支はプラスマイナスゼロ、そして冷却器へ流れ込んだエントロピーは $dSout$ となり、全体としての収支もゼロである。エントロピーは「運び手」として、ただ流れただけだ。エントロピーの総量は一定であり保存されている。まるでエネルギー保存則そっくりである。

これで話がすめば、実に楽なのだ——が、そうは問屋がおろさない。

ここで、エントロピーという〈闇からの使者〉の、ダークで不気味な笑みが、われわれの身震

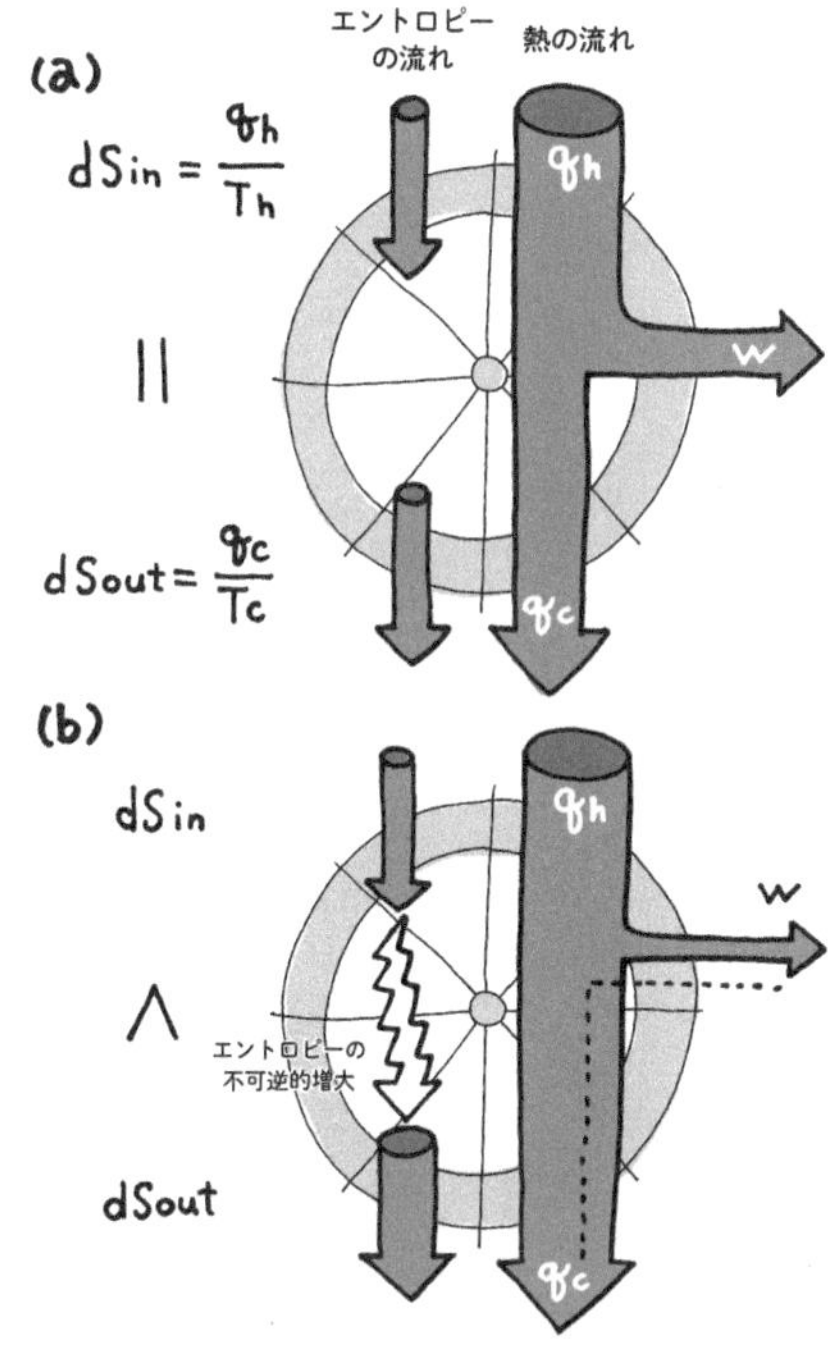

図2-8　不可逆性とエントロピーの増大
(a) 可逆なカルノー・サイクル
(b) 不可逆なエンジン
現実のエンジンでは熱が浪費され、エントロピーが増えてしまう

いを誘う。エントロピーが保存されるのは可逆過程、つまり、現実にはありえない理想的な状況の場合だけなのである。われわれの眼前に展開する地上と宇宙のあらゆる出来事において、エントロピーはひたすらに増大してゆくのだ。

この哀しむべき現実の世界では、いったい何が起こるのか？　それをカルノー・サイクル（の劣化バージョン）で見てみよう。完璧ではない、効率の無駄、熱の浪費を伴う――不可逆過程のエンジンである（図2－8ⓑ）。

たとえば、エンジン内部のどこかのステップに「温度の段差」があると考えればよい。するとその分だけ熱が浪費され、なされる仕事は減る。しかし、それでもエネルギー保存則は成立するから、放出される熱は、仕事が減った分だけ増え、冷却器に捨てられるエントロピーも、その分だけ増えてしまう。

一方、エンジン自体は元に戻るので、そのエントロピーも元に戻っている（不可逆過程であろうと、エントロピーは状態量であることに注意しよう）。結局、燃焼炉＋エンジン＋冷却器というシステム全体では、冷却器が得たエントロピーは炉が失ったエントロピーを上回る。いつのまにやら、最終決算でエントロピーは増大してしまうのだ！

だが、これはどうしたことだろう。エントロピーはいつ、どこで増えたというのだろうか？　だいたい、炉や冷却器だって物質なのだから、そのエントロピーも状態量なはずだ。それが増えていくというのは解せないではないか。

これはもっともな疑問である。それに対する答えは、こうだ。

物質（またはそれを組み合わせたシステム）のエントロピーが「状態量である」というのは、その状態が温度や圧力などで完全に指定可能なとき、すなわち、その物質が完全に、熱力学的に平衡に達しているときに限るのである。

そうでないとき——たとえば局所的に温度差や圧力差がある場合など——物質内部に非平衡が残存しているときには、それが（不可逆的・自発的に）解消され、平衡に達して初めて、状態量としてのエントロピーが確定する。いわば行き着くところまで行ってしまい、膨れるだけ膨れてしまわなければ、エントロピーの量は決まらない、ということだ。

では、非平衡状態の物質（あるいはシステム）については、そもそもエントロピーを定義したり、定量的に計算したりすることは不可能なのだろうか？　熱力学の対象外として、あきらめるべきなのだろうか？

厳密に言えば、その通りなのである。実際、平衡から極端に離れた過渡的な状態では、温度や圧力すら定義不能になることがあり、その場合は熱力学以外のアプローチをとらざるをえない。

しかし、それは例外中の例外である。

幸いにして、ほとんどのケースでは、非平衡状態を「局所平衡の集合体」と捉えることができる（たとえば上が熱くて下がぬるいお風呂を、温度の異なる水の集合体と考えるわけである）。だから、非平衡が解消されつつある途上の状況においても、エントロピーを定義し計算することが可能なのだ。このエントロピーは、いわば「せき止められたエントロピー」であり、局所平衡という条件に縛られたエントロピーである。それは、最終状態（完全平衡）のエントロピーへと向かって、たゆむことなく増大を続けてゆくのだ。トムソンは（よせばいいのに）、この最終状態を「熱的死」と表現して、全人類をめいっぱいびびらせた。

この宇宙はいまのところ（幸いにも）完全平衡には達していない。だから、われわれの考えるエントロピーはすべて「せき止められたエントロピー」であると言ってもよいのである。

抽象的な物言いが続いたが、格好の具体例がここでとりあげた不可逆過程のカルノー・サイクルの場合である。燃焼炉＋エンジン＋冷却器というシステム全体を考えると、高温部分と低温部分が隣り合わせに共存しているわけだから、全体としては明らかに非平衡だ。だが、燃焼炉・エンジン・冷却器というパーツを個別に考えると、それぞれは各温度で局所的な平衡状態にあるといえる。つまり、このシステムでは燃焼炉から冷却器へ一気に熱が暴走しないよう、パーツの間に実質上、人為的な堤防が築きあげられていて、そこに小さな穴を開けるがごとく少しずつ、熱を高温から低温へと移動させている。これが理想的・可逆的に行われれば、常に平衡が保たれるので全体のエントロピーは一定となる。だが、どこかに温度の段差があれば、その地点で非平衡から平衡への不可逆変化が起こり、エントロピーは増大する（このときミクロな分子たちの世界では何が起こっているのか、それについては次章以降でくわしく説明しよう）。

このことは、エンジンの各パーツのエントロピーが、局所平衡状態という束縛の下で状態量であるということと矛盾しないのである。

宇宙を支配する原理

さて、クラウジウスは以上を総合して、次の有名な表現を書き下ろした。それは人類が熱力学を見いだした瞬間であった。

（1）宇宙のエネルギーは一定である。
（2）宇宙のエントロピーは最大へ向かう。

いまやわれわれは、日常のあらゆる出来事につきまとう不可逆性――「取り返しがつかない」という宿命――が、エネルギーではなく、エントロピーと不可分の関係にあることを知った。それは、熱やエネルギーとは似て非なる何かであり、昨日までの人類には見えなかった何かである。そして、いまこの瞬間もわれわれの眼前に展開しているのは、「エネルギーがなくなっていく」光景ではなく、「エントロピーが増えていく」光景なのである。

有史以来われわれの目をすり抜けてきたこの魔物、カルノー・サイクルに深く深く埋め込まれていた〈エントロピー〉は、ついにクラウジウスによって白日の下に引き出された。これは途方もない一歩である。いうまでもなく、これは「証明」ではない。宇宙のすべてにおいてエントロピーの法則が成立することを証明するなど、不可能だ。とんでもない大風呂敷といっても過言ではない。しかし、クラウジウスはおそるべき直観と信念にもとづき、これこそが宇宙を支配する「原理」であると宣言したのである。

事実、このあと見ていくように、この新概念は信じられないほどの一般性を持っている。たとえば、カルノーの原理やカルノー効率は、エネルギーという観点から見れば熱エネルギー変換の理論であるから、熱を介さない直接のエネルギー変換（電池など）には適用されない。ところがエントロピーは蒸気機関だろうが電池だろうが何だろうが、それどころか人類の、世界の、宇宙のすべての運命をつかさどる。いかなる物的存在も――生命も非生命も――エントロピーの強大な力から逃れることはできない。

サディ・カルノーが放った矢は、時代を超え、海峡と国境を越えて、ここに大輪の花を咲かせたのだった。

＊　＊　＊

サディの弟イッポリートは、のちには共和主義の政治家として活躍し、フランス憲法の制定にも関わった。サディの死から半世紀がたったころ、老いたイッポリートは、亡き兄の理論が科学に革命をもたらしたと聞かされて、仰天する。そのパンフレットというのはきっと、はるかな昔——彼らの父ラザールが死去した翌年、パリの下宿で兄が必死に書き綴っていたものに相違なかろう。

昨日のように記憶が巡り来る。バイオリンを手に、内気な兄は少し照れながら問いかけてきたものだ。

「この文章の意味、わかるかい？　ちょっとわかりにくいかな？」

老人は微笑む——兄さん、確かにちょっとわかりにくかったよ。だけど、わかるやつもいたということだよね。

余談ながら、イッポリートの息子マリー・フランソワ・サディは1887年、第三共和政フランスの第4代大統領となった。だが7年後、任期をまもなく終えようというときに、テロリストの刃に倒れる。絶大な人気があったにもかかわらず、再選に出馬するつもりはなかったという。まったくもって、ラザールの孫、サディの甥らしい話ではないか。

エントロピーの矢 その1

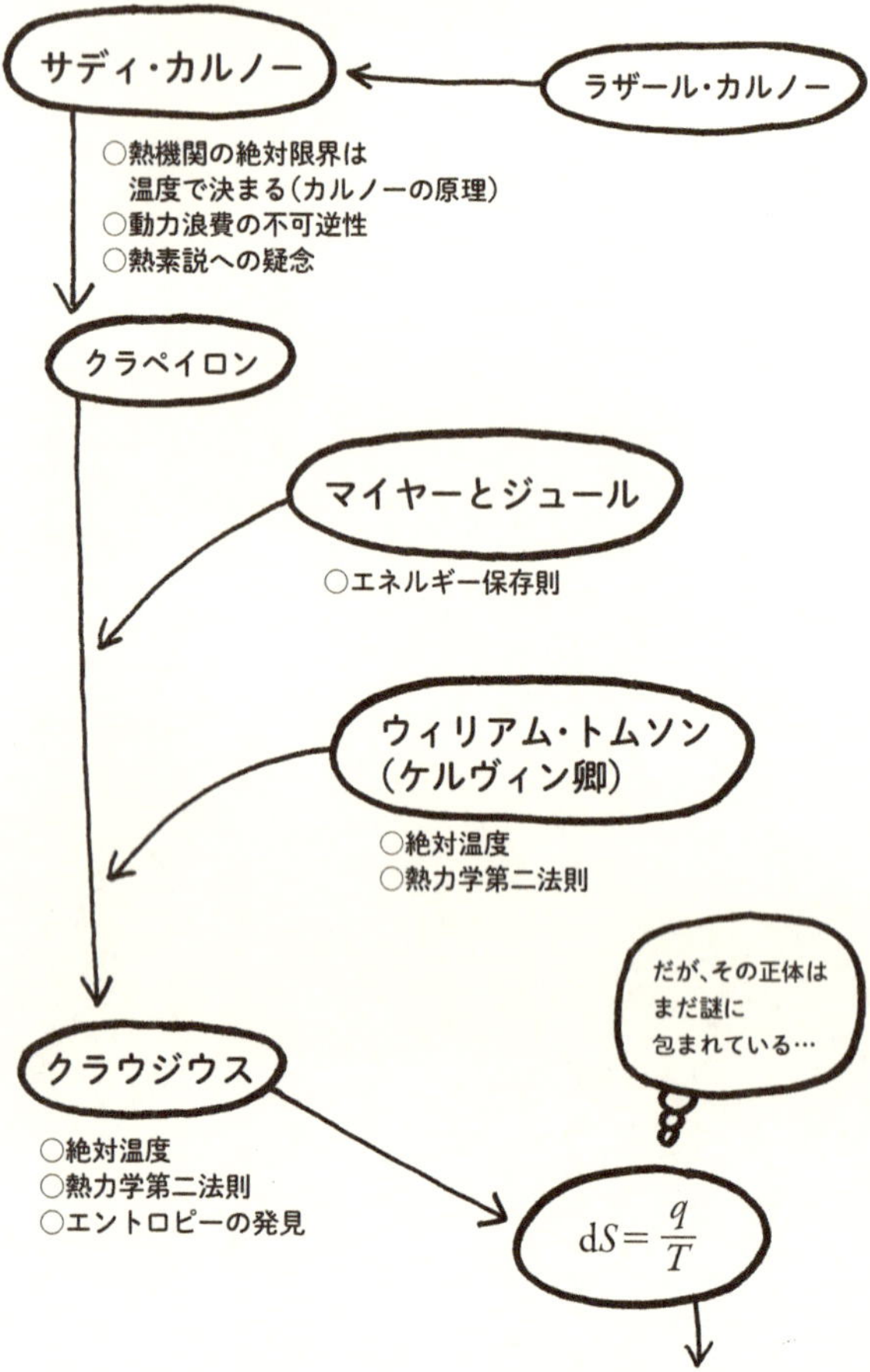

サディ・カルノー
ラザール・カルノー
○熱機関の絶対限界は温度で決まる(カルノーの原理)
○動力浪費の不可逆性
○熱素説への疑念
クラペイロン
マイヤーとジュール
○エネルギー保存則
ウィリアム・トムソン(ケルヴィン卿)
○絶対温度
○熱力学第二法則
クラウジウス
○絶対温度
○熱力学第二法則
○エントロピーの発見
だが、その正体はまだ謎に包まれている…
$dS=\frac{q}{T}$

第3章

憂鬱な教授——世紀末のウィーン

第二法則とエントロピーの意味は、いまだ五里霧中である。
だから俺は、ミクロな気体分子の動き（気体分子運動論）にもとづいて、
ストレートに第二法則を証明するのだ！

1906年9月5日、ウィーン——深夜の電報

馬車が環状大通り（リングシュトラーセ）を回ってゆく。意匠をこらした二つの博物館、王宮、国会議事堂、ブルク劇場と市庁舎を過ぎてウィーン大学の前にさしかかったとき、乗客の青年はやや複雑な面持ちで、黄昏に浮かび上がるその壮麗な建物を見上げた。

父はよくなっただろうか。世界的に著名な物理学者である62歳の宮中顧問官ルートヴィヒ・ボルツマン教授（図3－1）が、神経症のためウィーン大学を辞さねばならなくなったのは5月のことである。実際のところ、何年も前から、鬱状態はよくなったり悪くなったりを繰り返していて、療養所に入ったこともあるし、自殺未遂すら起こしていた。視力を失って文字が読めなくなり、ときおり喘息（もしくは狭心症）の激痛に襲われた。自分の理論が受け入れられず、科学界で孤立しているとも思っていた。

ウィーンの自宅にたどり着いたとき、25歳の息子、砲兵予備将校アルトゥール・ボルツマンはやや疲れていた。老皇帝フランツ・ヨーゼフが臨席するシュレジエンでの演習に参加しての帰りだったからである。それでも、久々に家族に会えるのは楽しみだった。両親と3人の姉妹は旅先から明日帰ってくる予定になっていたが、旅行鞄は一足先に届いていた。

地中海の気候が神経を癒すのによいかもしれない、ということで、トリエステ湾に面する避暑

地ドゥイノへと彼らが出かけていったのは3週間前である。海水浴やパーティで楽しく過ごしています、お父さんも随分よくなっています、という便りが、息子をいくぶんか元気づけていた。だけど本当かなあ。5年前にも同じような目的で、息子は、父を地中海のクルーズへとひっぱり出したのだが、あのときは、オデッサでペストが発生したため船が隔離されてしまって、猛暑のなか散々な目にあったのだった。父は不平たらたらだった。ビール腹に汗びっしょり、チェス盤の向こうでうんうん唸るその姿を思い出して、アルトゥールは思わず苦笑した。だが、その笑みは長く続かなかった。父はあのころより、もっと悪くなっている。

そのとき、玄関の呼び鈴が鳴った。9時半。誰だろう。電報を受け取ったとき、アルトゥールは胸騒ぎを覚えた。封を切る手が震えた。

「チチヨクナイ。スグニコラレタシ」

図3－1　ボルツマン（1844-1906）

深夜1時過ぎ、さらに深刻な事態を告げる2通目の電報が届いたが、呼び鈴には誰も答えなかった。アルトゥールはすでにドゥイノへと発っていた。しかし、彼は間に合わなかった。

オーストリア・ハンガリー二重帝国の南の玄関口であるトリエステ湾は、ウィーンの南西――ボルツマン教授が若いころ活躍したグラーツを越えてさらに下ったところ――アドリア海の最北部にある。海岸町のドゥイノ（現在はイタリア領）はリルケの詩で有名になったところで、今日もまた、暑さが和《やわ》らいだ夕刻から、海水浴客が繰り出して華やかなにぎわいを見せていた。「会議が踊る」都ウィーンと同様、ここでも毎日、盛大な社交パーティが夜半から朝方まで続く。

ボルツマン夫人ヘンリエッテはしかし、浮かない表情だった。昨日までは、夫の具合はとてもよくなってきていた。いままで何にせよ、とにかく働き過ぎだったのだ。ここの雰囲気はきっと病気を治してくれる。そう思って、もう少しここにいましょうよ、娘たちも楽しんでいますし、と言ったのだが、夫が急に怒り出してしまったのだ。ウィーンで仕事が待っている、なんで服をクリーニングに出すんだ、帰るのが遅れるじゃないか、と怒鳴られた。説得できるのは息子しかいない。それで、あわててアルトゥールに電報を打った。疲れているのに急ですまないけれど、明日にはここへ来てくれるだろう。

どうしてこんなことになってしまったのだろう。夫はとても頭がよく、すごい成果をあげて、世界を驚かせた。英国や米国の大学、学会から頻繁に招待されるし、名誉博士号もいろいろもらっている。グラーツでは学長も務めた。ひどい近視で、赤ら顔、むさ苦しいひげ、猫背、甲高い声。だけど家族思いでよい父親だ。昔、子どものためと言って、いきなり乳牛を買ってきたことがあった。あとであわてて餌は何かを調べに行ったりして。ふだん調子のいいときには、気さくでユーモアと情熱にあふれ、講義も面白い。アイススケートと水泳が好き。学生にも人気があった。昔、グラーツで出会ったときに感じたとおりの人柄だった。

あのころ、高等師範学校の生徒だった私は、大学で理科の講義を受けたいと思っていて、とっても苦労したものだった。いまの時分とは違って、大学当局は女性に実に冷たかった。男子学生の気が散るし、だいたい女の頭には科学は無理だよと頭ごなしに言われ、何度も断られた。けれどルートヴィヒは優しかった。両親を亡くした私は不安でいっぱいだったけれど、この人についていけば大丈夫という気がしていた。それがいまは……。

去年、カリフォルニア大学まで一人旅をしたときの無理が祟《たた》ったのかしら。クリスマス以降、夫の具合は最悪になってしまった。もはや物理学にも哲学にも関わることができなくなった。だけどトリエステに来たのは正解だわ。よくなる。ぜったいよくなる。

ところで夫はへそを曲げたのか、あとから来ると言っていたのに、なかなか現れない。夫人もさすがにちょっと心配になってきた。上の二人の娘ヘンリエッテとイーダはもうお年ごろ、ウィーン大学の学生だから、それなりにパーティを十分楽しんでいるようだ。そこで、やや眠そうな、15歳になる末娘エルザに声をかけた。

「ちょっとお父さんの様子を見てきてくれない？」

鋭い悲鳴を聞きつけて、ホテルのフロント係はすぐに階段を駆け上がった。客室のドアが開いていた。エルザは真っ白な顔で立ちすくんでいた。ボルツマン教授の巨体は、部屋の窓枠に結びつけた紐からぶら下がっていた。急いで紐を切って体を降ろしたが、教授はすでにこと切れていた。

この夜のことを、エルザは生涯、二度と口にしなかった。

＊　＊　＊

ボルツマンの自殺は、今日でも、物理学史上最大の悲劇の一つといわれている。しかし、念のために断っておくと、当時のウィーンやオーストリア、ドイツでは、著名人の自殺は決して珍しいものではなかった。ボルツマン一家が避暑に出かける直前にも、就任したばかりのベルリン大学物理学研究所の所長、金属の自由電子モデルで有名なパウル・ドルーデが、謎の自殺を遂げている。リングシュトラーセに面するオペラハウスの建築家も、入口のできばえに関する皇帝の些細なコメントに傷ついて自殺した。その皇帝の息子、皇太子ルドルフが愛人と拳銃自殺したのは17年前の1889年であった。社会的地位や財産の有無にかかわらず、世紀末のウィーン人は驚くほどの頻度で死を選んだ。

だからと言ってもちろん、ボルツマンの自殺が大事件でなかったというわけではない。何と言っても国際的に著名な科学者であり、オーストリアとドイツ（プロイセン）が国家の威信を賭けてヘッドハントにしのぎを削るほどの大人物である。当然、ウィーンの新聞は大きく報道し、大々的な追悼記事を組んだ。

だが、そうしたジャーナリスティックな関心よりも、もっと深刻で苦渋に満ち、長く尾を引く巨大な影が、ボルツマンの死によって同時代の物理学者たちにのしかかった。その根底には、ボルツマンのライフワーク——原子論と〈エントロピーの本質〉——に関する論争があった。

エントロピーの意味を求めて

ボルツマンの時代には、熱力学の重要性が広く物理学者の間で認められるようになっていた。だが、クラウジウスが発見した〈エントロピー〉については、とくに英国で誤解と混乱が生じていて、「熱を温度で割った量」が結局は何を意味しているのか、それが物質の内部構造や状態とどう関係しているのか、また、熱力学の第二法則とは根源的な原理なのか、それとも何か別の理論から証明することが可能なのか、そういった疑問は謎に包まれたままであった。

とりわけ第二法則の〈不可逆性〉は、ニュートン力学には存在しないきわめて異常な性質である。老いたクラウジウスやトムソン（ケルヴィン卿）、また、若い世代のマクスウェルによっても暗中模索が続いていた。「熱の異なる状態」「仕事実現能力」「利用可能性」「有効性の指標」などなどの言葉が用いられていることからもうかがえるように、どこかまだ本質が見えていない、射抜けていない、という感覚——歯がゆい状況が支配していた。

ウィーン大学のヨーゼフ・シュテファンという新進気鋭の物理学者の下で最先端の物理を学んだ若きルートヴィヒ・ボルツマンも、そのキャリアの初めから、エントロピーの問題に強い関心を持っていた。１８６６年、博士号を取ってシュテファンの助手になったその年に書いた事実上の処女論文で、22歳の彼はのっけから、その前年にクラウジウスが名づけたばかりの、できたてほやほやの概念〈エントロピー〉を取り上げた。

第一法則とエネルギーの概念は確立しているのに対して、第二法則とエントロピーの意味は、いまだ五里霧中である。だから俺は、ミクロな気体分子の動き（気体分子運動論）にもとづいて、ストレートに第二法則を証明するのだ！　ボルツマンは息巻いた。

気体分子運動論というのは、気体を「分子たちが空間を飛び回っている状態」と考えて、ミクロなニュートン力学からマクロな諸物性を理解しようとする理論体系のことである。大雑把には「運動説」とか「原子論」とも呼ばれる。今日では、気体といえば「飛び回る粒々」をイメージするほど当たり前の概念になっているが、当時は物理学の新潮流であり、産声をあげたばかりの「理論物理学」の象徴的存在でもあった。だが、目には見えず、直接その存在が証明できない「原子・分子」を仮定して理論を展開することは、懐疑的な人々の目には危険な「逸脱行為」と映った。後年はその批判にずいぶん悩まされることとなるのだが、若き天才はむろん、まだそれを予見していない。先進的な師シュテファンに励まされ、潑剌と計算を展開した。

その結果、「運動エネルギーの時間積分の対数」という、いまひとつ、ぴんとこない表式が得られた。これは過渡的な結果にすぎないが、彼の果敢な目的意識を最初から示している。ちなみにこの5年後、エントロピーの始祖クラウジウスもほぼ同様な結果を発表したが、このときボルツマンはすかさず「ちょっと待て。俺のほうが先だったぞ」という覚書を投稿している。この無作法な若者に、クラウジウスは素直に謝った。やはりいい人だったのだ。

実験家としても活躍したボルツマンの研究人生は、多産だった。生涯に書いた論文数は、一般向けの随筆を除いても139に達する。その中でも代表作は、第二法則とエントロピーの本質にぐさりと切り込んだ記念碑的な二報――いわゆる〈H定理〉論文（1872年）と〈確率論〉論文（1877年）である。このうち、とくに前者に関しては、気体分子の速度分布（マクスウェル－ボルツマン分布）がきわめて重要な関連をもってくる。だからここで、もう一人の輝ける天才、マクスウェルにもご登場願おう。

マクスウェルの画期的な論文

ジェームズ・クラーク・マクスウェル（図3－2）。いうまでもなく、今日の光学と電磁気学において必須の「マクスウェル方程式」で知られる英国の物理学者である。現存する（とくに若いころの）写真を見ると、古今東西の科学者の中でも一、二を争う、ほとんどハリウッドスターなみのイケメンであることがわかって驚く。文章も洗練されていて都会的。科学者どうしの先陣争いを笑い飛ばすシニカルなセンスが光るが、意外にも実はスコットランドの田舎育ちである。なまりがひどく、子供のころは「うすのろ」呼ばわりされていじめられたらしい。

図3-2　若き日のマクスウェル(1831-1879)

ケンブリッジ大学卒業後に教壇に立つが、講義はきわめて不得手で、黒板の前に無言で立ち尽くすことしばしばだった。幸い、大地主の生まれなので生活には困らず、早くも34歳でキングスカレッジから引退、田舎暮らしを始める。だが研究は続けていた。その論文のスタイルは、とにかくエレガントで簡潔、厳密にして明晰。客観的・批判的に自分の思考を検証し、すべての可能性を考えつくして議論することができた。

39歳にしてケンブリッジ大学キャヴェンディッシュ研究所の初代所長となるが、それから8年後、48歳の若さで死去。母親と同じ腸の癌だった。たぶん症状に心当たりがあったのだろう。余命１ヵ月と宣告されたとき、あまりにも冷静だったので主治医のほうが逆にショックを受けたという。自分のことより病弱な妻のことばかり心配し、激痛に耐えつつ最期まで快活さを失わなかった。

彼の電磁気理論が実験的に検証されたのは、その死から10年近くたってからのことである。今日の科学技術において、その恩恵をこうむっていない分野を見つけることは不可能に近い。

マクスウェルが気体分子の速度分布について最初に論文を出したのは１８６０年、29歳のときであった。気体分子運動論は、理想気体を通して熱力学と密接な関係にあり、すでにあのクラジウスが大きく前進させていた。とはいうものの、分子が走り回る速度は一様ではなく、衝突を繰り返すため速いものもあれば遅いものもあるから、ニュートン力学的に真っ向から切り込むにはあまりに複雑すぎて、定量化することができなかった。だが驚くなかれ、この論文で、マクスウェルはいきなり「速度分布」という難問を解決してしまったのだ。そのアイデアはあまりにもシンプルで、目を疑う、というか、まるで詐欺にでもあったかのように唖然とするものなので、ぜひ紹介したい。

マクスウェルの議論はこうだ（図３－３）。いま、立方体の容器の中に気体があるとする。膨大な数の分子が飛び回っている。特定の分子に着目し、その運動を追跡するのは、衝突の繰り返しで速度や方向がしょっちゅう変わるので、とても面倒である。だが、統計的に見れば、ある速

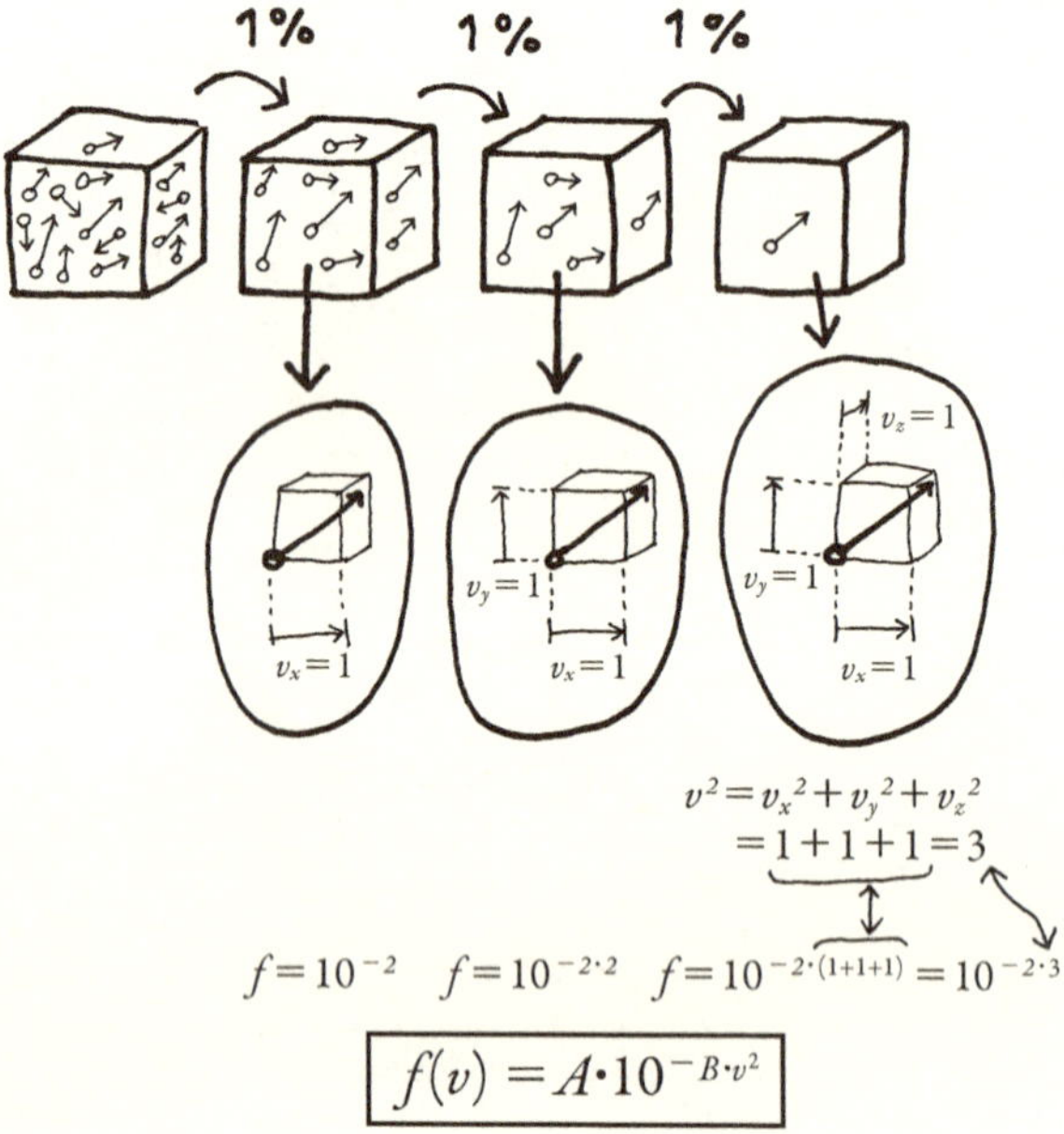

図3-3　マクスウェル分布の「なんじゃそら」導出
マクスウェルは統計的直観にもとづいて、あっさり気体分子の速度分布を決定してしまった

度をもつ分子の数は、いつも一定の割合で存在しているはずだ。すなわち速度分布は一定である。そこで、ある方向（たとえば立方体の一辺の方向——x軸としよう）に注目し、その方向の速度成分v_xがある値（たとえば1 km/s）をもっている分子の数をカウントしよう。仮にそれが全体の1％だったとする。

次に、その1％の連中だけを観測対象にして、今度は別の方向（たとえばy）の速度成分v_yを見てみる。それが同じく1 km/sである分子数の割合は（気体はどの方向から見ても同じように見えるはずだから）、やはり1％のはずだ。この1％は全体から見ると、f＝1％×1％＝10^{-4}という割合で存在する。こいつらを再度ピックアップし、z軸方向の速度成分v_zもチェックする。それが1 km/sである割合は、やはり1％だ。つまりピックアップした分子の割合は、全体の1％×1％×1％＝$10^{-2\cdot3}$＝10^{-6}ということになる。

ところでこれは、立方体の対角方向に$v=\sqrt{3}$ km/sという速度をもつ分子の割合を意味する。以上の考察は、1 km/s以外の任意の値についても成り立つ。してみると、速度ベクトルの和の法則に従って、速度成分の二乗が加算されていくたびに、それに対応して、ピックアップされる分子の割合（つまり速度分布f）は乗算によって減っていくわけである。

この「加算が乗算に対応する」という挙動は、速度分布が速度二乗の「べき」の形の関数（図3－3中の式）になっているときにのみ、一般的に成り立つ（ここでは10のべきで書いたが指数関数でもよい)。あとは理想気体の状態方程式などを考慮して、未知定数A、Bの値を決定すればよい。こうして、Bは絶対温度に反比例することがわかった。

かくしてマクスウェルは、こんな直観的議論にもとづいて、実にあっさりと速度分布の形を決定してしまったのである。多くの物理学者はあっけにとられた。

実はこの議論の背後には、統計的なランダム性、すなわち「各分子の速度成分は完全に独立で、相関がまったくない」ということが、さりげなく仮定されている。マクスウェルはこの戦略を、当時読んでいた誤差論の教科書からとってきたらしい。いかにも彼好みの明晰さに満ちてはいるが、この論法、誤差論の分野においてさえ「厳密さに欠ける」と批判されたくらいだから、物理学者が納得しなかったとしても驚くにはあたらない。

事実、ニュートン力学的に分子運動の軌跡をしらみつぶしに追いかけようとする「真っ当な」立場からは、速度の完全独立性は自明でなく、「おいおい」「なんじゃそら」「ざけんなよ」的不満が炸裂した。分布則そのものが見事に実験結果を説明することに驚嘆しつつも、いやむしろその正しさを確信できたからこそ、その理論的導出に異議ありという批判は重大であった。この批判に答えて、マクスウェル自身もその後たびたび、ほかの導出方法を提案していくことになる。

しかし、この問題に対し、誰よりも貪欲に、猛然と食らいついていったのがボルツマンであった。

〈H定理〉への道

ボルツマンはすでに、マクスウェルの速度分布を一般的に拡張するという成果をあげていて、マクスウェルからも一目置かれる存在になっていた。ゆえに今日、この速度分布則は通常、マクスウェル-ボルツマン分布と呼ばれる。だが、血気盛んなボルツマンはそこで立ち止まってはいられなかった。気体分子どもが、時間とともに、どのようにして「平衡」の状態へと落ち着いてゆくのか、という難問——不可逆過程の解析へと切り込んでいった。28歳のときである。

100ページ近くに達するこの長大な論文で彼がもともとめざしたのは、マクスウェル自身による「なんじゃそら」導出の弱点をぴしりとカバーして、「マクスウェル-ボルツマン分布」こそが唯一の平衡分布であるということを証明することだった。すなわち「気体分子たちが初めにどんな速度を持っていても、衝突を繰り返すうちに必ずマクスウェル-ボルツマン分布へ到達する」ことを、詳細な分子運動の力学を通して、疑問の余地なく示そうとしたのである。

ボルツマンの論文スタイルは、マクスウェルと好対照をなす。がむしゃらで力技、ブルドッグというかブルドーザーというか、猪突猛進、とにかく最終地点へと障害物をばったばったとなぎ倒しつつ突き進む。モットーは「エレガンスなんて知るか。洋服屋にまかせとけ」だった。

だが、いかなボルツマンといえども、膨大な数の分子集団の運動と衝突を、ニュートン力学でそのまま追いかけることはできない。そこで彼が思いついたのは、分布関数と積分を駆使して、衝突の力学と確率論を巧みに組み合わせるという手法だった。「ボルツマン（輸送）方程式」と呼ばれるこの発明は、今日でもプラズマ物理や光散乱などの諸分野で盛んに利用されている。

しかし〈エントロピー〉の文脈においてさらに重要なのは、めざす証明のためにひねり出された奇妙な関数だった。それは「速度分布 f の対数の平均値」、すなわち

$$H = \langle \ln f \rangle \quad (7)$$

という形をしている。

ボルツマンは当初、この関数を「E」と名づけた。エントロピーを意図したものと思われるが、英国の読者がドイツ語の活字を「H」と読み間違えたため、そのうち物理学者たちは（ボルツマン自身も含めて）みな、〈H定理〉と呼ぶようになった。

こみいった複雑な計算の末にボルツマンが明らかにしたのは、この関数Hが時間とともに、必ず減少してゆくということだった。したがって、Hが最小になった分布（すなわちマクスウェル-ボルツマン分布）が、唯一の行き着く先、つまりは「終着駅」であることが、きちんと証明できたのである。

ボルツマンはいかにして、鍵となるこの関数を思いついたのだろうか。論文を読んでも、よく

わからない。本人は「定理を証明するための数学的技巧」にすぎないと書いている。しかしすぐに続けて、興奮気味に語る。

——この関数が（符号は逆だが）本質的に〈エントロピー〉そのものであることがわかった！

——第二法則の解析的証明へつながるまったく新しい経路が切り開かれた！

これは確かに、その通りだった。ミクロな分子運動の力学から、エントロピーが不可逆に増大すること——第二法則が導かれたからである。本当ならものすごいことだし、原子論に懐疑的な連中にも鋭い一矢を報いることになる。だが、この結論はこのあと、大きな物議を醸《かも》す運命にあった。

ロシュミットの「可逆性反論」

〈H定理〉論文はその後、ボルツマンの生涯、さらには量子力学の誕生へと至る物理学史上に、絶大なる影響と巨大な謎を残す存在となる——のだが、実際にボルツマンがこれを書き上げたときは、目に見える反響はほとんどなかった。「謙遜は罪なり」とうそぶいた自尊心の塊、ボルツマン自身でさえ、己の成し遂げた偉業の真の価値を十分には把握していなかったらしい。満足いくひと仕事を気分よく終えた、といった体で、それきりしばらく忘れ、一人の実験家に戻っていた。

数年後にこの論文を蒸し返して論争を挑み、結果としてボルツマンにさらなる偉業を迫ることになった人物は面白いことに、ボルツマンとはきわめて親交が深かったヨハン・ヨーゼフ・ロシュミット（図3－4）であった。アボガドロ定数の値を決定した功績で知られるロシュミットはシュテファン研究室でのボルツマンの先輩であり、さらには父親のような存在でもあり、ウィーン・フィルのベートーヴェンを一緒に聴きにいった仲でもある。彼の論点には的を外したものもあったが、たった一つ、問題の本質に肉薄するポイントがあった。世に言う「可逆性反論」である。

図3-4　ロシュミット
(1821-1895)

ロシュミットの反論はこうだ。気体分子たちが運動と衝突をばんばん繰り返していき、その結果、ボルツマンの示したようにエントロピーが増大したものとしよう。そこで最後の瞬間に時間を止め、次いで（ビデオを逆回しするように）時間の進む方向を逆転させてみる。ニュートン力学は時間を反転してもそのまま成り立つから、分子たちは一斉に、もと来た道を引き返してゆき、逆向きの衝突を何度も経て、じきに出発点へ戻ってしまう。このプロセスは仮想的なものではあるが、力学的には正しいから現実にも起こりうるし、終点から出発点へ戻ったわけだからエントロピーは減少している。

ゆえに、エントロピーが「いつでも増大する」というボルツマンの主張は明らかに間違いだ。減少することもあるのだ。いや、それどころかどんな「エントロピー増大プロセス」にも、それを反転させた「減少プロセス」が必ず存在するはずだから、「エントロピーが不可逆的に増大する」というボルツマンの結論も、相当に怪しいということになってしまう。違うかね？

論争好きなボルツマンは、怒るどころかロシュミットの反論を大歓迎した。ロシュミットの回りくどくてわかりにくい言い方を、より明瞭な形に書き直してさえいる。そして反論への回答もまた、明瞭であった。すなわちボルツマンは、エントロピー増大則は本質的に〈確率〉の問題だというのである。

ロシュミットが指摘するように、エントロピーの減少はたしかに不可能ではない。その確率はゼロではない。しかし、それが現実に起こる確率は、何億回、何兆回もサイコロを振ってその目がすべて1になるようなもので、恐ろしく小さい。だから実際上は起こらない。われわれの経験するのは、いつでもエントロピーの増大なのだ——。

この回答がしかし、世の物理学者にとっては世紀の変わり目をまたぐほどの大問題となった。ちょっと待て、これは単なる苦し紛れの言い訳ではないか？　ボルツマンはもとの論文で「エントロピーは必ず増大する」ことを証明したのではなかったのか？　実は例外がありました、では証明にならないではないか。そもそも第二法則は絶対の法則のはずで、エントロピーは例外なく増大してゆく、とクラウジウスはすでに宣言したのではなかったか。いったい〈H定理〉とは何を証明したものだったのか？

ロシュミットの挑戦がボルツマンの考え方を根本的に変えたとは思えない。〈H定理〉論文の最初のページで、すでにボルツマンは確率論を持ち出しているからだ。たぶん彼の頭の中では、確率の考え方は当然のように理論のバックボーンを構成していたのだろう。だからロシュミットの反論にも、わが意を得たりとばかり即座に回答できたのである。しかし、論文では例によって先を急ぐあまり細かい議論をすっ飛ばして、決定論的な述べ方をしてしまっていた。また、先行していたマクスウェルと同じように、だがもっと微妙な形で、ボルツマン方程式にも暗黙のうちに、確率論的な仮定がそっと潜り込んでいたのである。

ところが、ボルツマン自身もその微妙な部分を、十分には認識していなかったらしい。そのため、批判に対してピンポイント的に答えることができなかった。結果として、確率論的なアプローチに馴染みがなかった大方の読者には「エントロピー増大を決定論的に証明しようとした試みが、ぶざまにも崩れ去った」かのような印象を与えてしまったのだ。

マクスウェルの直観

実はあのマクスウェルでさえ、〈H定理〉は理解できなかった。彼はすでに「マクスウェルの悪魔」と呼ばれる問題の考察を通して、エントロピーが確率の問題であることを完全に把握していた。だから実際には、ボルツマンの発想に最も近いところにいたといってよい。だがマクスウェルは、ボルツマンの戦略には本質的に欠陥があると感じていた。ニュートン力学には不可逆性はない。だからどんなに巧妙なアプローチを選ぶにせよ、必ずどこかの時点で不可逆性の「種」のごときもの——たとえば決定論を放棄し運動をランダム化するような——を入れてやらなければ、エントロピーの不可逆性は説明できない。小手先の解決では事足りず、何かまったく未知のメカニズム、革命的な新概念が必要なのではないか。

不可逆性は、そもそもどこから来るのか。過去から未来へ、一方向にしか進まない〈時間の矢〉とは何か。本書でものちの章でちょっと触れるが、この根源的な問題は、今日までさまざまな角度から研究されているにもかかわらず、最終的解決には至っていない。現代物理学の用語を使えば、量子力学における「波束の収縮」や「デコヒーレンス（波動関数の相関消失）」、あるいは古典力学における「カオス」のような〈不可逆性の種〉——そうした遠い、微かな羽音を、もしかするとマクスウェルはすでに耳にしていたのかもしれない。

どっちみち、あの時代では手も足も出なかった。マクスウェルの命の火は、尽きかけていた。〈H定理〉に関する短いメモは残っている。だが、複雑怪奇な理論を、詳細に検討することはなかった。

世界は〈順列・組み合わせ〉で動く！

一方、ロシュミットの反論に勇み立ったボルツマンは、続いて、さらに思い切った行動に打って出た。彼が遺した二つ目の金字塔、〈確率論〉論文である。

今度も63ページの大論文であり、熱力学第二法則とエントロピーが主題なのだが、驚くのは、アプローチのしかたがこれまでとは180度違うことである。〈H定理〉論文を埋め尽くしていた気体分子の力学——運動、軌跡、衝突の理論——が一切消えてなくなり、そのかわりに意表をついて、壺の中から札を引いていくという「くじ引き」理論が延々と展開されているのだ。高校数学でお馴染みの、白玉と黒玉を意味もなくせっせと並べ替える例のアレ、〈順列・組み合わせ〉——ビックリマーク（階乗）の支配するカフカ的世界である。

だが、アレにも意味はあったのだ！　昨今の受験数学に意味を見失った若者には、ひょっとすると朗報かもしれない。ボルツマンが示したのは、結局は〈順列・組み合わせ〉が、この世界を支配している、という驚愕の事実だった。つまりこうだ。

無数の気体分子たちが無数の衝突を繰り返していく間に、運動エネルギーはさまざまなしかたでそいつらに分配されてゆく。すったもんだの挙句に、結局すべてはことごとくランダムになるだろう。限りある運動エネルギーを分子たちに振り分けてゆくやり方は、実にいっぱいある。では、それが実際、何通りあるのかをカウントしてみよう。

正しいやり方で〈順列・組み合わせ〉の総数を数え上げてみると、その対数はなんと、例の関数H——つまりはエントロピーにそっくりそのまま対応するのである。わかってみればこれは拍子抜けするほど簡単な算数で、ビックリマークに対する近似公式を使えば、一瞬で出てくるのだ。

こうも言い換えることができる。〈H定理〉論文では、ボルツマンはコテコテの気体分子力学に、そっと巧みに確率論を忍び込ませて、苦労の末にエントロピーに到達したのだった。だが、いまや彼は〈エントロピー〉の本質が、実は〈確率〉そのものであることを、このうえなく明哲に喝破した。逡巡するほかの物理学者たちを尻目に、思い切って主役と脇役を完全に逆転させ、確率と統計の概念のみを、〈順列・組み合わせ〉だけを用いて、エントロピーを導いたのである。衝突の力学をいちいち追跡するかわりに「分子たちにエネルギーをでたらめに分配する」という驚天動地の暴挙によって、エントロピーの本質を白日の下にさらけ出すことに成功したのだ。

いわば〈不可逆性の種〉どころか、ばりばり純度100％のモロ〈不可逆〉を緊急投下、ケツをまくって「不可逆結構！　でたらめ上等！」と大勝負に出たというところだ。それが見事に実を結んだのだから、衝撃的と言うしかない。これこそ、マクロな熱力学をミクロな分子の統計から基礎づけようとする「統計力学」のはじまりであった。

粒々のエネルギー

このボルツマンの〈確率論〉論文でもう一点、驚くべきなのは「エネルギーが離散的（飛び飛び）である」という仮定がいきなり使われていることだ。量子論の端緒とされるマックス・プランク（図3－5）の有名な論文が出るのは四半世紀もあとのことである。実はこの1900年論文で「量子論の父」プランクは、「黒体放射（熱い物体が出す光）」という現象を理論的に説明するために、ボルツマンのアプローチをほとんどそのまま利用しているのだ。だからボルツマンはときに「量子論の祖父」とも呼ばれる。ところがプランク自身は、もともとボルツマンのエントロピー理論が大嫌いだった。誤りだと考えていて、むしろ批判の急先鋒に立っていたのである。この矛盾が〈原子論〉論争をめぐる、屈折した人間模様へとつながってゆく。

今日では、分子が持つことのできるエネルギーの量は連続的ではなく、飛び飛びの粒々になっていることは量子力学の基礎知識となっていて、少なくとも理系の人間にとっては常識である。

しかし、ニュートン力学ではありえないこの考え方は、それが提案された当時にはいうまでもなく、きわめて異様であり、常軌を逸していた。当のプランクを含め誰一人、それが正しい現実の姿であるなどとは想像もしていなかったのだ。

プランクはボルツマンの次の世代の物理学者の代表格である。ベルリン大学教授、のち学長となり、量子力学の創始者として後世に名を残しているが、実はその発想は革命的というより、保守的だった。１９００年論文では黒体放射を見事に説明したにもかかわらず、自らが仮定した「エネルギー離散」は便宜的なもので、いずれは通常の力学の範疇で説明できるはずだと信じていた。

図3-5　プランク
(1858-1947)

というのも、そもそもプランクが手本としたボルツマン自身、「エネルギー離散」の仮定を置いたのは、あくまで便宜上の措置だったからだ。理由は簡単、分子が受け取るエネルギーが連続的だと、無限の可能性が出てきてしまうので〈順列・組み合わせ〉など数えようがないからだ。だから、ボルツマンの戦略はこうだった。とりあえずエネルギーが(白玉・黒玉のように)非常に小さい粒々でやりとりされると考えて〈順列・組み合わせ〉をカウントしてしまう。そのあとで、粒々をどんどん小さくしてゆく。最後にめちゃめちゃ小さくしてしまえば、事実上は「エネルギー連続」となる。つまり通常の力学で問題ないレベルへと戻せる。

この手のトリックは物理数学ではありふれた手法なので、ボルツマンはとくに心配はしていなかった。ところが、今日のわれわれが知っている通り、まさに「事実は小説より奇なり」。不気味な「量子」のうごめく現実の世界では、本当に、エネルギーは連続ではなく（非常に小さいが）粒々のまま残る。だからボルツマンの「便宜的措置」は、期せずして真実をついていたのだ。

この粒々を象徴する存在が、〈プランク定数h〉というやつで、実際、ボルツマンがターゲットとした理想気体の場合も、もしエントロピーの絶対値を計算しようとすれば、hが出てきて、ざらざらした量子の粒々が見えてくる。いまから考えれば〈順列・組み合わせ〉をカウントするというその行為に必然性があること自体がそもそも、自然界における〈粒々〉の存在を暗示していると言えなくもないが、幸か不幸か、ボルツマンはエントロピーの相対値を計算しただけなので連続への極限が問題なく行えたから、量子論にまで踏み込む必要はなかった（ただし、ボルツマンは「空間と時間も究極はデジタルだ」という意味深な一言も書いている）。

これとは対照的に、23年後に黒体放射の謎に挑んだプランクの場合は、いくらがんばっても粒々を消すことができずに困惑した。正体不明の定数が、二つも残ってしまった。それらがのちの〈ボルツマン定数k_B〉、〈プランク定数h〉である。前者は一分子あたりの気体定数に相当していることに気づいて、プランクは大興奮した。「パパは大発見をしたんだぜ！」と、当時7歳の息子に得々と自慢したという。

そして、さらにその5年後、プランクが悩んでいた「量子」の意味を解き明かしたのが、若きアインシュタインの論文（１９０５年）だった。20世紀の物理学――量子力学の幕開きである。

〈原子論〉論争

だが19世紀末の物理学では、ボルツマンが仮定した「原子・分子」の実在さえ、疑う者がいた。とくにドイツ語圏では、物理学者の意見が二分されていた。ここに勃発したのが、いわゆる〈原子論〉論争である。

この話は有名なので、さまざまに語られる。典型的なのは「原子・分子」の実在を信じるボルツマンに対して、物理学者にして哲学者のマッハ並びにその取り巻き連中である「反原子論派」が盛んに攻撃を加え、原子の実在が否定されてしまったため、心身ともに弱り切ったボルツマンは自殺に追い込まれてしまった、というバージョンである。

この紋切り型の解釈はわかりやすいが、実際の状況はそれほど単純ではなかったようだ。そもそも、ボルツマンの自殺の原因は鬱病である——ただし、その遠因が原子論論争にもあったという可能性は否定できないが。

〈原子論〉も、死んでなどいなかった。ボルツマンの理論は国際的に高く評価されていた。たしかに、彼自身は晩年、きわめて悲観的な見通しを鬱々と書いているが、客観的に見れば英国と米国では、ボルツマンの理論は熱心に研究され、好意的かつ建設的な批判はあったものの、本質的には正しく、輝かしい成果であるととらえられていた。

多くの科学者は原子の存在を疑わなかった。20世紀に入ってからのことだが、のちに素電荷の決定でノーベル物理学賞をとる若きロバート・ミリカンは、原子論をめぐる討論を聞いて「この時代にまだこんな論争をしているのか」と呆れたという。化学者にとっても、もちろん原子・分子は自然で便利な「作業仮説」になっていた。

しかし、ドイツ語圏に目を移すと、事情はだいぶ違っていた。そこでは、ボルツマンの悲観的な見方が当たっていた。「科学はかくあるべし」という原理・原則や哲学へのこだわり。未解決問題への執拗な攻撃。ロシュミットなどの原子論者は例外的存在で、熱力学を絶対の法則とみる多数派によってボルツマンの成果は無視された。

原子論が抱えていた未解決問題のうち、マクスウェルが「最大の困難」と呼んだのは「比熱」の問題であった。原子論では「エネルギー等分配則」、すなわち「原子運動の各自由度には、等しくエネルギーが割りふられる」という法則が成立する。単原子分子の場合にはこの法則が気体の比熱をよく説明するのだが、多原子分子では成り立たなくなるのだ。これについてボルツマンは「化学結合の自由度は凍結されてしまうので比熱に寄与しない」と説明した。この洞察は的を射ていたのだが、実は量子力学的効果なので、古典力学では説明できないのである。人々は納得しなかった。

なかでもボルツマンの代表的な論敵は二人いた。一人は9歳年下で、ライプツィヒ大学の化学者ヴィルヘルム・オストヴァルト（図3－6）。化学反応のエネルギー論・速度論に熱力学を応用し、アムステルダム（オランダ）のファント・ホッフや、ボルツマンの学生でオストヴァルトの助手になったヴァルター・ネルンスト、ウプサラ（スウェーデン）のスヴァンテ・アレニウスらとともに、〈物理化学〉の基礎を拓いた人物である。1909年、ノーベル化学賞。偉大な科学者だが、世紀末当時は、原子論を否定し、すべてをエネルギーで説明できるという、なかば哲学的な「エネルギー論」にかぶれていた。

図3－6　オストヴァルト
（1853-1932）

有名なのは、1895年9月のボルツマンとの

〈リューベック論争〉である。数百人の聴衆が丸一日、固唾をのんで原子論とエネルギー論の闘いの行方を見守った。オストヴァルトはボルツマンより話すのがうまかったらしいが、それでもボルツマンは、敵方が物理をよく知らないこと、エネルギー論は科学的には単なる誤りであることを端的に示してしまった。「エネルギー論者の完敗」だった。それでもオストヴァルトは往生際が悪く、ぐずぐずと納得しなかった。彼がようやく原子論を認めたのは1908年、すでにボルツマンはこの世にいなかった。

意外なことだが、原子論を巡って激しく対立したにもかかわらず、ボルツマンとオストヴァルトは（リューベック直後の一時期を除けば）概ね、生涯にわたってよき友人どうしであった。社交性に欠け、引きこもりとか不躾《ぶしつけ》と評されることもあるボルツマンだが、科学者としての相手の実力は認めていた。ボルツマンが晩年、ライプツィヒ大学へ移ったのもオストヴァルトの誘いだった。その期間、ボルツマンは週末になるとオストヴァルトの家に招かれて、ピアノを弾いた。彼のピアノはプロ級で、子どものころにはなんと、のちの大作曲家アントン・ブルックナーを家庭教師としていた（ブルックナーは晩年、ウィーン大学で教えていたから、ボルツマンとキャンパスで再会したこともあるかもしれない）。

立ちはだかる「マッハの実証主義」

いま一人の巨大な論敵が、エルンスト・マッハ（図3－7）である。ボルツマンより6歳年上、物理学者としては超音速と衝撃波の研究で名を残すが、心理学や哲学、文化に与えた影響はもっと大きかった。写真を見るといかにも厳格な哲人といった容貌で、射抜くような鋭い目で虚空を睨みつけている。

ボルツマンに先んじてウィーン大学で学ぶ。ボルツマンが来る前、すれ違いでグラーツにも短期間いたが、物理、そしてのちに哲学で活躍したのはプラハ大学にいた30年近くに及ぶ時期である。プラハでは学長も務めた。だが民族的対立が深刻なのを嫌い、何度もグラーツやウィーンへ戻ろうとしたが、うまくいかなかった。ポスト争いでボルツマンに負けたこともある。哲学教授としてウィーンへ戻ることができたのは1895年、57歳のときであった。ボルツマンもその前年に、ミュンヘンからウィーンへ戻っていて、二人の間で交わされた友好的な手紙のやりとりがいまも残っている。

図3－7　マッハ
（1838-1916）

しかし、その2年後、ウィーン科学アカデミー。ボルツマンの講演後の討論で、マッハは言い放ったのである。

「私は原子の存在など信じない」と。

マッハの物理学に対する姿勢は、その経歴の最初から「実験で測定できる量を尊重し、それを説明するための仮説や理論化を信用しない」という態度で一貫している。実験で直接、証明できないものはすべて切り捨てる、という立場をとるマッハにとっては「原子の実在」だけでなく、当時ようやく数学から離れて独自の地位を築きつつあった〈理論物理学〉という分野そのものが、無用の長物であった。彼の思想においては、理論がうまくいっても、だから仮定が正しいということにはならない。原子が存在するという客観的証明はない。状況証拠でしかないのだ。したがって「そのような机上の空論を、考察の対象から厳密に排除しなければならぬ」のである。

たしかに彼の科学史研究においては、気づかれにくい仮定や仮説を見つけだし、削ぎ落としてゆくという徹底した現象学的批判は光彩を放っている。ニュートン力学への批判が、後年、アインシュタインの相対性理論構築に影響を与えたことはよく知られていて、アインシュタインはマッハを「母乳」にたとえたほどである。だが、そのイデオロギーはあまりにも極端なところまで行ってしまい、ついには因果律さえ排除してしまった。ボルツマンやそれに続く世代の新しい物理学にとっては、単なる足かせにしかならなかった。

にもかかわらず、いまどきの理論は抽象的すぎて理解不能だ、日常から乖離している、と感じていた人々の間では、次第に人気が出た。ウィーンでは、その著書は文学者や音楽家、画家などにも読まれ、マッハは絶大な影響力をもつポピュラーな文化人となった。

ボルツマンの孤独

かたや、ボルツマンは孤立していた。マクスウェルとクラウジウスはもういない。さらに師のシュテファンと友人ロシュミットが亡くなり、ウィーンにはマッハびいきの凡庸な物理学者ばかりが残った。1896年には、プランクの学生で、のちに数学者として活躍するエルンスト・ツェルメロ（図3－8）が「再帰性反論」と呼ばれる論文を出して、〈H定理〉への疑念を蒸し返した。これは3年前にフランスの数学者ポアンカレが証明した定理を応用して「気体分子たちの運動は、いずれまた必ず初期状態に戻る」ということを示したものだった。その通りであれば、エントロピーは増大したとしても、待っていればいずれまた必ず元の値へと減ってしまうことになり、ボルツマンの理論と

図3－8　ツェルメロ
（1871-1953）

矛盾する、とツェルメロは主張した。

ロシュミットのときとは違って、この反論にはボルツマンは心底うんざりした。彼にとって、エントロピーが確率の問題であることは20年も前に結論が出ていた。この若造はまだわからんのか。数学的には正しいが、現実には再帰など起こらない。それが起こるのを見るためには、桁違いに長い——宇宙の寿命よりはるかに長い——時間を待たねばならないのだ。そのことをボルツマンは示してみせ、最後に皮肉を込めて「わからん奴はあきらめろ」と吐き捨てている。

ツェルメロのために公平を期しておくと、彼の反論はボルツマンが毒づいたほどナンセンスなものとは言い切れず、やはり〈不可逆性の種〉の問題と関連していた。いずれにせよ、プランクの弟子であるツェルメロにとっては「確率論」への心理的抵抗が強かったのだろう。確率を持ち込むことを当然と考えるボルツマンとは、論点が平行線のままであった。それが人々の目には「ボルツマンが負けている」と映った。

ボルツマン自身は、決定論から確率論への移行や〈不可逆性の種〉の問題を、根本的なところではどう考えていたのだろう。残された資料からはよくわからない。ただ、彼の議論はマッハを意識してどんどん哲学的になっていき、物理学はどうあるべきか、といった方向へとシフトしていった。

ボルツマンは書く。絶対の真理はない。あらゆる理論は近似であり、科学の進歩につれて近似の精度もよくなってゆく。理論の結果が実験とよく一致するならば、それで十分じゃないか。現時点ですべての疑問が解消できなくても、構わないのだ——。

これは直観的本能にもとづく素朴な実在論と言ってよいだろうが、今日ではほとんどの科学者が共有する楽観的な考え方だし、経験論の伝統をもつ英国や米国では当時から自然な見方であった。だから英語圏では、マッハ主義やエネルギー論はほとんど顧みられなかったのである。ドイツっぽいなあ、とバカにされるほどだった。だがヨーロッパ大陸ではボルツマンは少数派——と言うより、ほとんど独りだった。彼の理論には致命的欠陥があるとみられ、〈確率論〉論文は、ほぼ無視された。ドイツとフランスでは「原子論は終わった」という見方さえあったという。マッハ陣営はボルツマンを「最後の柱」と呼んだ。

若いころにベルリンで熱力学の大家ヘルムホルツに学んだプランクも、第二法則とエントロピー増大の絶対性を信奉していた。エントロピーが減ることなど、絶対にありえない。あるはずがない。だから、ボルツマンの解釈は誤りだと確信し、さかんにその理論を攻撃していた。ところが、1900年——四苦八苦した試行錯誤の末に、試しに使ってみたボルツマンの「くじ引き」理論が、前述のように予想外の大成功を収め、これが自身の代表作となった。

プランクの確信に、初めての動揺が生じた。してみると、にわかに信じがたいことであるが、ボルツマンはやはり正しかったのだろうか？　エントロピーは確率なのか？　宇宙はくじ引きで動いているのか? この反問が彼の、そして人類にとっての、巨大な転換点となった。

老兵は去りゆく

ボルツマンはいっそう深く、哲学の底無し沼に踏み込もうとしていた。マッハが脳卒中で倒れてウィーン大学を退職したあとの1903年、皮肉にもその代役として、哲学の講義を担当することになったのである。実は、激しい原子論論争にもかかわらず、ボルツマンとマッハの個人的な関係は良好だった。ボルツマンには何の含むところもなく、ただ、哲学とは何か、哲学者という人々はいったい何を考えているのかを、この機会に理解したいと切に願ったようだ。

当初は科学者らしく、皮肉とユーモアを込めてヘーゲル、ショーペンハウエル、カントらの大哲学者を槍玉にあげ、こんな連中は何を言っているのか全然わからん、といった型破りの講義をして大好評を博した。何百人もの受講者が押し寄せ、評判は皇帝の耳にも入ったという。だが、根が真面目な男である。向いていないのに、いっそう真剣に哲学に取り組みはじめた。論争好きではあるが、批判をひょいとかわすという器用なことができない。重圧は増し、情熱は消えていった。

視力が衰え、実験もできなくなった。生涯をかけた原子論への、相変わらずの無理解と批判。「自分を古びた化石のごとく感じる。いつの日か再発見されるようにしたい……」

加えて、グラーツ大学長時代にさらされた民族主義紛争の緊張がいっそう高まっていた。帝国崩壊の予感。かつてグラーツからベルリン大学（プロイセン）へ招聘《しょうへい》されたときのゴタゴタも、尾を引いていた。当時の大学人事はベルリンやウィーンの宮廷が君主名で出すものであり、帝国の威信や皇帝への忠誠心といった繊細な問題に関わってくる。ミュンヘン、ライプチヒ、と異動のたびに、野心家にそぐわぬ神経はとことん磨《す》り減り、優柔不断と錯乱を繰り返した。ウィーン大学に帰り着くと、物理学教室はボロボロの建物になっていた。ちなみに第1章で紹介した作家ツヴァイクも、ちょうどこのころウィーン大学で哲学の博士号を取っているが、彼の自伝には、当時の学生が決闘三昧だったなどと書かれていて驚く。ボルツマンが大学を転々としたのも、むべなるかな、というところだろうか。

プランクはボルツマンに、量子仮説の論文を送ったという。ボルツマンからは原則的賛成を得た――、とプランクは回想しているが、ボルツマン側の記録はないようだ。ボルツマンにとっては、プランクはあくまでも反原子論者――敵方の人間だった。しかし、そのかつての仇敵は1904年、ボルツマンをノーベル賞に推薦しようとしていたのだった。

そして、物理学者が呼ぶ〈奇跡の年〉が到来する。1905年、26歳の特許局員アルベルト・

アインシュタインが矢継ぎ早に発表した4本の論文（学位論文を入れれば5本）が、物理学に大革命をもたらしたのである。うち一本は「光電効果」の研究で、ボルツマンとプランクを越えてさらに先へ進んだものだった。プランクが当初、数学的トリックにすぎないと考えた「光の量子」が、物理的実在であることを論証したのである。そしてもう一本の「ブラウン運動」の論文でも、ボルツマンの運動論（統計力学）を利用して、水中での花粉の不規則運動が、水分子の衝突に起因することを示した（実はボルツマン自身もその10年前、ツェルメロへの反論の中でほぼ同じアイデアを述べている）。

潮目が変わった。やがて詳細な実験的検証を経て、原子や分子の実在はようやく、万人が疑わない確固たるものになってゆく。

だが、いまや老兵は勝ちどきを聞くこともなく、戦場を去ろうとしていた。

「こんなふうに終わるとは思わなかった！」

そう叫ぶ声を聞いた者もいたという。

アインシュタインもボルツマンに論文を送ったかもしれないが、その反応は不明である。同じ年に哲学協会で行われた最後の講演では、ボルツマンは「確率論によるエントロピー則と愛の解明」なる演題で、ダーウィニズムを論じている。

「生物の生存闘争は……エントロピーをかけた闘いである」

翌年、彼自身がついに、その長い闘いに終止符を打った。

プランクが受けた衝撃は大きかった。科学史家クーンによれば、生前ボルツマンに酷い仕打ちをしてしまったという後悔の念は、生涯にわたって彼をさいなんだという。ボルツマンの死から1年と3ヵ月後、プランクは、自責の裏返しなのか、いつもの彼らしからぬ激しい口調でマッハを「偽の預言者」と罵り、原子論の勝利を宣言したのだった。

エントロピーの「二つの顔」

ボルツマンは結局、われわれに何を残したのだろうか。彼が見いだした、エントロピーの隠された真実とは何だったのか。

ウィーンの中央墓地を訪ねると、名だたる大作曲家たちの墓からほど近いところに、ひっそりとボルツマンの墓石が立っている（図3－9）。いかめしい顔をした胸像の上に刻まれたエントロピーの公式は、科学者の間ではあまりにも有名だ。ただし、log は自然対数 $\log e$ の意味なので、今日では式(8)のように、log は ln と書かれることが多い。これはエントロピーの「統計力学的定義」と呼ばれている。

だが実のところ、ボルツマンの論文にはこの式そのものは出てこない。これに相当する式はあるが、古典物理学者ボルツマンにとってそれは、あくまで単なる中間の結果であり、最終目標は連続極限をとって導かれる関数Hであった。ボルツマンの遺したアイデアを熟考し、ここまでシンプルな形に結晶化した功労者は、プランクだったのだ。だから、ボルツマンの墓の前では、多少なりともプランクにも想いを馳せるのが、エントロピーの〈通〉のたしなみである。

図3-9　エントロピーを表す数式が刻まれたボルツマンの墓

それはさておき、ここでわれわれ初心者を悩ませる問題はこうだ。

この公式（式(8)）——エントロピーが「状態（順列・組み合わせ）の数」であるというボルツマンの結論——は、サディ・カルノーを経てクラウジウスが到達したエントロピーの熱力学的定義（式(5)）——熱の流れを温度で割ったもの——とは、およそ似ても似つかないのである。どう見ても違う。違いすぎて、どこで折り合いをつけたらよいのか、見当もつかない。いったいどうしたら、この二つが同じ怪物〈エントロピー〉を意味しているということになるのだろうか。どう理解すればよいのか？

$$S = k_B \ln W \qquad (8)$$

$$dS = \frac{q}{T} \qquad (5)$$

第1章で見たカルノー・サイクルの例にならって、ボルツマンのイバラの道を追体験する、という手はどうだろうか。つまり、ボルツマンの二つの論文をステップ・バイ・ステップ、丹念にすべて見ていくのだ。——いや、それはやめたほうがよい。なにせ、合わせて160ページなのだ。あのマクスウェルでさえあきらめたという、いわくつきの代物なのである。到底、ビギナーの手には負えない（志ある読者は本書読了後、心身を鍛え上げたうえで挑んでほしい）。

そのかわりに、こうしよう。この100年の間に、世界中の科学者が血道を上げて、この二つの公式の正しさを証明してきた。だから、ある意味ズルいが、彼らの努力と栄光を尊重して、この2式が正しくエントロピーを表しているという事実を、あっさり認めてしまうのだ。そうすると、そこから何が浮かび上がってくるのか——その景色を、素直に眺めてみることにしたい。

意外にもこのアプローチが、われわれの目に映る「世界」の風景を一変させる力を持っているのである。

隠された「問い」

エントロピーの二つの公式をいま一度、じっくりと眺めてみよう。意外にも、ボルツマンがあれほど苦心惨憺《さんたん》して、複雑怪奇な理論を駆使した末に到達した式(8)は、呑み込んでしまえば実に単純明快で、理解に何の問題もないことがわかる。

われわれの目の前の物体は、理想気体でも水でも何でもよいが、いずれにせよものすごく多くの分子たちからできている。そいつらが、やたらにいろんな状態を、ランダムにとりまくるという状況を考えよう。量子力学によれば状態は飛び飛びに存在し、1個、2個と数え上げることができる。分子の集合体である物体を一つの「系」と見れば、そのマクロな全体像の「状態」は、瞬間ごとに猫の目のように目まぐるしく変わっている。それは全部で何通りありうるのか、それが単純に、式(8)の右辺にある状態数Wである。ただし、モルオーダーの分子集団については、量子状態を直接、計算するのは困難だ。

一方、このマクロな状態は、それを構成する各分子たちのミクロな状態が組み合わされた結果であるという見方もできる。分子単独の量子状態はまあ計算可能なので、われわれは必然的に、このルートをたどることになる。分子たちは熱運動しているから、やはりそれぞれ、自らに許された量子状態の範囲で思い思いにポコポコと飛び回っている。その結果、物体全体では、全部で何通りの状態数がとれるか？　その順列・組み合わせの総数がWである。$\ln W$は、その自然対数だ。対数とは、Wを数字として書き下したときの桁数（正確には「桁数－1」、つまりゼロの数）に対応する。また、k_Bは定数で、単位を換算しているだけだから、結局、式(8)で表されているエントロピーとは、本質的な意味としては「状態数（の桁数）」にすぎないのだ。

「状態は数えられる」という量子力学の考え方さえ受け入れてしまえば、シンプルそのものである。「目の前の物質をミクロな眼で見たとき、分子たちがとれる状態は全部で何個ありますか？」という問いに、10個なら1、1000個なら3……という具合に、その桁数を答えただけのものである。とれる状態数が多ければ桁も多くなり、エントロピーは大きい。それらの状態間を分子たちが飛び回るわけだから、「乱雑さ」も増す、と言ってよいだろう。エントロピーとは「乱雑さ」である、という説明は、この式にもとづいたものなのだ。

【発展】 エントロピーの表し方として、なぜ状態数そのものではなく、わざわざ対数（桁数）をとるのか。それは、われわれがエントロピーを、質量やエネルギーと同列の、物質の性質を量的に体現する概念として考えたいからだ。そのためには、たとえば1g＋2g＝3gとか、1J＋2J＝3Jのように、物質を足したらそのまま加算されるという性質が必要だ。ところが、状態数は〈順列・組み合わせ〉に従って「べき」で増える。サイコロ2個の状態数は12通りではなく$6^{(1+1)}=36$通りなのだ。これを加算できるようにするために、あらかじめ「べき」を対数（桁数）にしてしまうのである。

むしろ難解なのは、先に発見されていた熱力学の公式(5)のほうだ。クラウジウスは言った。
——熱とともにエントロピーと呼ばれる「何か」が流れ込み、また流れ出す——だが、その「何か」とは、熱エネルギーそれ自体ではなく、それを絶対温度で割ったものなのだ。しかしなぜ、温度で割らなければならないのか？　そこにどんな意味があるのか？　もやもやが残る。

だがいまや、問題はエントロピーではなくなった。エントロピーの意味はすでに式(8)で明らか——「乱雑さ」だからである。それでは、熱エネルギーはどうか？　これも、原子と分子の実在が確定している今日では、十分わかりやすい概念になっているといえるだろう。物質を構成し、熱運動をしまくっている分子のひとつひとつに分配されているエネルギーのかけら、それらの総量が熱エネルギーである。そして式(5)が示しているのは、熱エネルギーの流れ込み・流れ出しに寄り添う形でエントロピーの増大・減少という流れが起こっているということだ。二つの流れに量的関係をもたらしているのが、温度だというのである。

してみると、疑問は思いがけなく別の方向へ収束してゆく。すなわち——

〈温度〉とは何だろうか？　われわれは温度とは何かを、本当に知っているのだろうか？

いまさら何を言っているんだ、とあなたは思うかもしれない。そんなことは太古の昔から明らかじゃないか。「熱い」「冷たい」という感覚は原始人でもサルでも微生物でも知っている。その尺度が温度だ。それだけのことだ。

では「熱い」というのはどういうことか？　もちろんよく知っている。水でも空気でも何でもいい。火にくべて加熱しよう。熱がどんどこ与えられて、さわれないくらい熱くなってゆく。これが「熱い」ということだろ？　お得意の「分子レベル」で言えば、エネルギーを与えられるほど、水分子の熱運動はがんがん激しさを増す。エネルギッシュになってゆく。熱くなって、温度が上がる。逆に冷やせば、エネルギーは奪われ、温度も下がる。そういうことだ。

すると、エネルギーと温度は、いつもパラレルなのだろうか？　ともに増えて、ともに減る。温度というものは単に、物質がもっているエネルギーの量を表す尺度なのか？

ここで、もしあなたが高校の物理の教科書にあった（単原子分子）理想気体の内部エネルギーの公式 $U=3k_{\mathrm{B}}T/2$ を憶えていたなら、力強くうなずくことだろう――そのとおり！　エネルギーと温度は比例するんだよ。温度はエネルギーの尺度なんだ。

――だが待てよ？　もしそうなら、どうしてエネルギーと温度という二つの量が、別々に存在するのだろう？　いつも比例するのなら、単位が違うだけで本質的には同じもののはずだ。だったらどちらか一つがあれば、それでいいはずじゃないか？

実際に、エネルギーと温度の関係がそんなに単純なものでないことはすぐにわかる。たとえば0℃の水と、0℃の氷を考えてみよう。水はとけたときに融解熱を吸収しているから、明らかに氷より多くのエネルギーをもっている。にもかかわらず、温度はどちらも0℃なのである。では、この水と氷は、いったい「何」が同じだからどちらも0℃だというのだろうか？

こう考えてくると、〈温度〉なるものが、それほど自明な概念ではないということがわかってくる。

ええい、四の五の言ってんじゃねえ！　温度計を突っ込んで測った数値が温度なんでい！　と宣言してみてはどうだろう。悪くはない。アルコールや水銀の膨張はよい尺度になるし、いまどきならデジタルの温度センサーもある。だが、どの温度計の目盛りも同一の温度を示すといえるだろうか？　〈温度〉という概念がとことん一般的である以上、特定の温度計を振りかざした

「宣言」は、いかにも弱い。わたしが測った温度とあんたが測った温度、どっちが「本物」の温度なの？　と聞かれれば返事に窮するのではないだろうか。

ここで思い出すのは、実はこれこそがまさに、トムソンをして「絶対温度」の探求へと駆り立てた動機だったということだ。彼は熱力学こそが、測定方法によらない「絶対温度」へと至る道である、と考えた。いま、われわれは式(5)を前にして、彼と非常に近いポジションに立っているのだ。

「二つの公式」の本当の意味

では、最後の一歩を踏み出そう。

〈温度〉について考えを巡らせ、その本質について思い悩んでみると、一つわかることがある。「熱い」「冷たい」という感覚につきまとうのは、常に「さわってみる」という行為なのだ。われわれが物体の〈温度〉を知るのは、手や温度計で触れることによってなのである。触れることで、手に熱エネルギーが流れ込んできたとき、「熱い」と感じる。熱エネルギーが流れ出すと「冷たい」。かたや0℃の水と0℃の氷は、くっつけたときに熱がどちらの方向へも流れない。だからこそ、われわれは両者の温度が等しいことを知るのである。

体温計の目盛りも、それ自体が「体温」を示しているわけではない。それらはアルコールや水

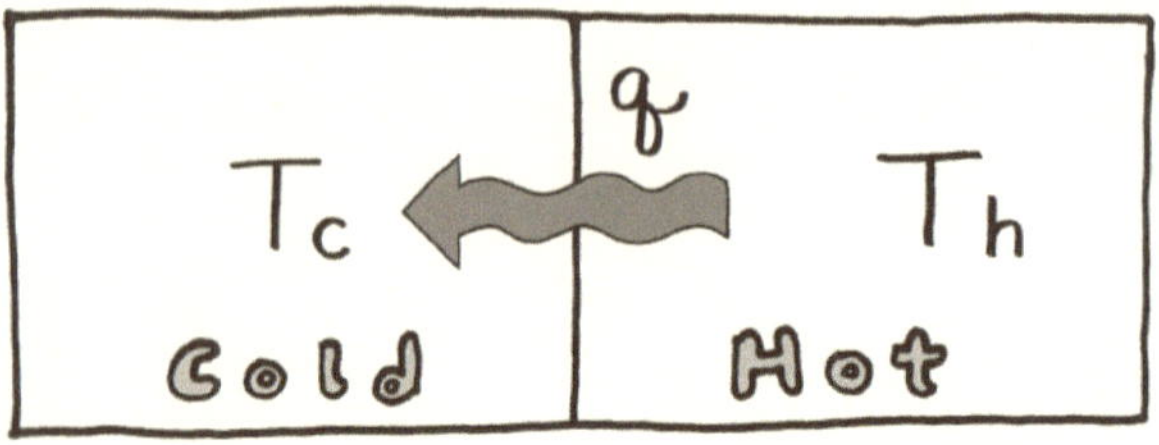

$$\text{ゲイン} = \frac{q}{T_c} \qquad \text{ロス} = \frac{q}{T_h}$$

$$\mathrm{d}S = \frac{q}{T_c} - \frac{q}{T_h} > 0$$

図3－10　熱の流れとエントロピー
エントロピーが増大するからこそ、熱は高温から低温へとひとりでに流れる

銀の体積を示しているにすぎない。体温計を体と接触させたとき、熱の流れが止まり、目盛りが動かなくなって初めてわれわれは、その目盛りが体の温度を示していることを確信できるのだ。

だが、これは、熱力学第二法則、エントロピーの法則そのものではないか！

第1章でも簡単に述べたことだが、あえて繰り返しておこう。熱い物体Hと冷たい物体Cをくっつける（図3－10）。熱qはHからCへ流れるだろう（注：これは不可逆過程だが、劣化カルノー・サイクルなどをバッファとしてはさめばエントロピー変化は計算できる）。このとき、Hが失うエントロピーは、Cが得るエントロピーより少ないから、正味のエントロピー変化は、正となる。

逆にいえば、エントロピーが増大するからこそ、熱は高温から低温へとひとりでに流れるということだ。これは前述のとおり、第二法則の最初の表現としても知られている。そして熱がどう流れるかを見ることで、われわれは温度の高低を知る。つまり、〈温度〉の本質はエントロピーの法則に直結しているのである。カルノーの原理と最大効率が、ともに〈温度〉を巡る概念だったことをいま一度思い出そう。

結局、われわれが〈温度〉について知っていると思っていることは、第二法則そのもの——それに尽きるのだ。

太古の昔から、われわれの祖先が「熱い」「冷たい」と叫ぶとき、それはほかでもない、エントロピーの増大を意味していた。第二法則によって何処からともなく立ち現れる**熱の流れ**、それを理解するため、そのためだけに〈温度〉という概念が産み出されたのである。だから、あなたがいま、式(5)を理解したいと叫ぶとき、そこで問われているのは〈エントロピー〉の意味ではない。〈温度〉の真の意味が問われているのである。すなわち式(5)が語るものは、〈温度〉とは何か、という疑問への最終解答——**温度の〈定義〉**なのである。

エントロピーの「二つの公式」が明らかにしたものは、エントロピーの「二つの顔」ではなかった。そうではなくて、エントロピーが持つ〈単純〉という名の「ただ一つの顔」、そして同時に、いまだかつて人類にその正体を知られることのなかった「鉄仮面」の素顔——〈温度〉の真の姿だったのである。

第4章

分子は踊る

分子たちの饗宴

では、われわれの目の前で熱が流れるとき、実際には何が起こっているのか。巨人たちの肩に乗って、その景色を眺めてみよう。前章では、エントロピーの熱力学的定義（式(5)）が〈温度の定義〉であると述べた。これを熱力学や統計力学の教科書では、式(9)のように表現する。

$$\frac{\partial S}{\partial U}=\frac{1}{T}\ （体積一定）\qquad (9)$$

この式の∂Uは「内部エネルギーの微小変化」を表している。これを式(5)の「熱（q）」と見なせば、この二式が同じものであることがすぐわかる。

「おいおい何だよこの右辺は？　定義なら、普通はそのまま、イコールTだろ？　何で『ぶんのいち』なんだよ！」という声が聞こえてきそうであるが、これには意味があるので、くわしく見ていこう。

すべての物体は、膨大な数の分子からできている。そいつらは衝突しあい、膨大な数の「量子状態」の間を飛び回って、熱運動をしまくっている。その状態は何通りとれるのか、その総数（の桁数）がエントロピーだ。状態は飛び飛びで数えられるが、低エネルギーのものから高エネルギーのものまで、無数に存在する。階段とか、はしごの段々をイメージすればよいだろう（これを「エネルギー準位」と呼ぶ）。しかし、分子はいくらでも高いエネルギー状態に行けるわけで

図4－1　ミクロな分子たちの世界（モグラバージョン）
分子たちは、モグラ叩きのようにポコポコとはしごを昇り降りしている

はない。エネルギー保存則に縛られているからだ。だから分子たちは、外から与えられた熱エネルギーを仲よく分け合って（もしくは殴りあい、ぶんどりあって）、各人が、それぞれゲットしたエネルギーのかけらにふさわしい高さの状態に飛ぶ。これが目まぐるしく、かつ延々と、飽きもせずに繰り返されている。それがミクロな分子の世界だ（図4－1）。

もし外からエネルギーがまったく与えられなければ、分子たちは飛ぶことができず、一番下の状態に落ちたまま、動かない。これを基底状態という。文字通り、凍りついている。最低エネルギー、絶対零度の世界である。この状態は物体全体、すべての分子たちをひっくるめて考えても、最低状態だから普通はたった1通りしかない。ゆえに、エントロピーは（1の対数だから）ゼロである。これがエントロピー値の絶対基準を決めるというのが、ボルツマンの弟子ヴァルター・ヘルマン・ネルンスト（図4－2）によって発見された「熱力学第三法則」に相当する。

図4－2　ネルンスト
（1864-1941）

では、この最低状態へエネルギーを供給していこう。すると、与えられたエネルギーは散らばって分子たちにばらまかれ、そのおかげで各分子は一斉に、モグラ叩きよろしくポコポコと動き出す。全員が同じエネルギーをゲットするわけではなく、大きなかけらをもらう分子もいれば、小さなかけらをもらう分子もいるだろう。また、大きなかけらをもらって高く飛んだ分子も、次の瞬間にはそれを他の分子に奪われて下の状態へ落っこちたりする。いずれにせよ全体として、とれる状態数は増えてゆき、エントロピーも増してゆく。外からエネルギーをもらえばもらうほど、かけらを分けあうやり方（〈順列・組み合わせ〉だ）が増えていくので、エントロピーもどんどん増大していく。

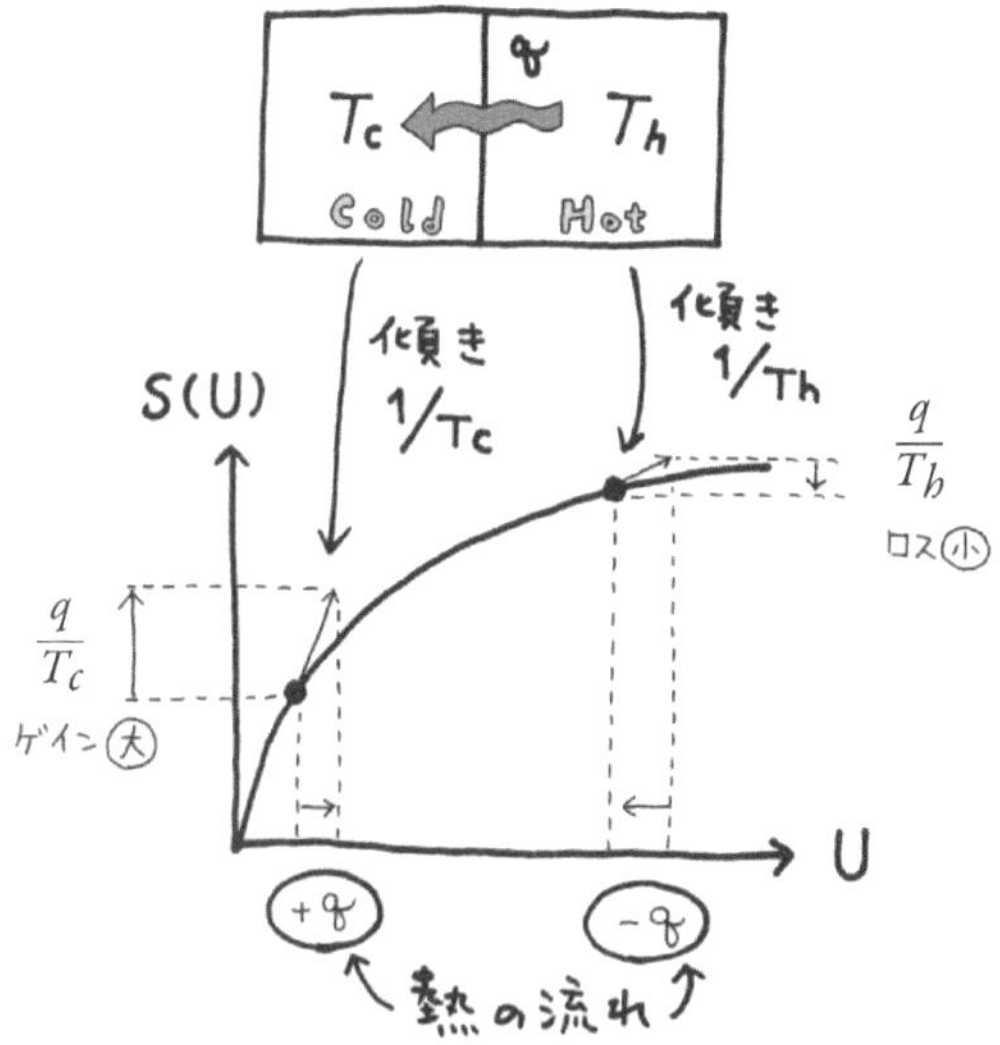

$$dS=\frac{q}{T_c}-\frac{q}{T_h}>0$$

図4－3　関数 $S(U)$
グラフの「傾き」が温度の逆数に対応するので、このグラフから〈熱の流れ〉が理解できる

つまり、エントロピーは分子たち全体がもつエネルギーの関数であって、エネルギー（の総量）とともに増大していくということになる（図４－３）。

この関数 $S(U)$ は、物体とそれを構成する分子の性質（量子論的性質＝エネルギー準位）によってさまざまに変わるのだが、グラフに描いてみるとほとんどの場合、シンプルな「上に凸」の形になる。$S(U)$ の「傾き」はずっと正だが、その傾き加減は U の増加とともに、だんだん小さくなっていく。というのも、「凍りついた」状態の近くでは、分子たちは、いわばエネルギーに「飢えている」ので、ちょっとエネルギーを投下するだけで、飛びの自由度、エントロピーはドバッと飛躍的に増大する。一方、エネルギーをたんまり与えられたあとでは、分子たちはもう十分に飛び回っていて「飽食」しており、追加のエネルギーをもらっても、もはや飛びが劇的に増えることはなく、ちびっと増大するだけ、というわけだ。

このグラフの傾きが式(9)であり、絶対温度の逆数1／Tなのである。グラフの左側、エネルギーUが小さいところ（Cold＝飢え）では、傾き1／Tは急だから「低温」である。逆にグラフの右側、Uが大きいところ（Hot＝飽食）では、傾きは緩く「高温」となるわけである。

これで式(9)の右辺を1／Tと定義した意図がわかってもらえるだろう。これをうっかりTと置いてしまうと「熱い！」「あっ、温度が低すぎましたね～」という漫才じみた会話になってしまうので気持ち悪いからだ（ただしちょっと面白い話がある。今日われわれが温度計に用いている摂氏目盛りは1742年にスウェーデンのセルシウスが発明したものだが、当初の彼の定義では、0度と100度が逆、すなわち「熱いほど温度が低い」ということになっていた）。

さて、ここからが本題である。この図4-3のグラフから、熱が流れるときに、分子たちに何が起こるのかが理解できる。

氷を手で触ったときのことを考えてみよう。高温の指先（H）から低温の氷（C）へと熱が流れ、冷たい思いをするだろう。このとき、氷の分子たちは指先の分子たちからエネルギーを受け取り、同時に（Cでの傾きが大きいので）大きなエントロピーを獲得することになる。一方で、指先の分子たちは同じ量のエネルギーを失うが、（Hでの傾きが小さいので）エントロピーの損失は小さい。結果として、エントロピーの合計は増大したことになる。というか、そうなるように熱が流れたのである。

もちろん分子たちが、意図して熱の流れをコントロールしているわけではない。連中は何も考えちゃいない。自分が手の分子なのか、それとも氷の分子なのかすらわかるまい。エネルギー保存則の束縛のもとで、許された状態の間をただひたすらランダムに飛び回っているだけなのだ。

熱運動のエネルギーだって、保存則さえ順守していれば、何もためらうことなく手の分子から氷の分子へ、またその逆へと、自在に行ったり来たりできるし、実際、そうしている。ところが、前者（手→氷）が起こったときにとれる状態数が、後者（氷→手）が起こったときにとれる状態数よりも、めちゃめちゃに多い。圧倒的に、死ぬほど多いのである。だから、われわれの眼には前者しか見えない。熱は必ず、手から氷へ動くように見える。これこそ、ボルツマンが看破した「確率」から「絶対」が生まれるメカニズムなのである。

とてつもないパワー

実際に、熱の移動によって状態数はどれくらい変わるのだろうか。クラウジウスとボルツマン（とプランク）のおかげで計算はやさしい。

あなたの手から、1Jの熱が奪われたとしよう。体温を36℃とすれば、このときに手が失ったエントロピーは、式(5)から $-3.24\ \mathrm{mJ\ K^{-1}}$ となる。

たいしたことない値に見えるだろう。だが、このときの状態数の変化は、式(8)から、なんと $10^{102\,000\,000\,000\,000\,000\,000}$ 分の1である。状態数は激減しているのだ。一方、同様にして氷が得たエントロピーは、$3.66\ \mathrm{mJ}\ K^{-1}$ であり、状態数は $10^{115\,000\,000\,000\,000\,000\,000}$ 倍となる。こっちは状態数がめちゃくちゃに増えている。増減の幅がどちらもとんでもなくでかいので、その差もまた、とんでもなくでかい。手は莫大な「損失」を出したが、氷がそれをはるかに上回る「利益」を出したので、最終決算はビル・ゲイツも真っ青の超黒字になったというわけだ。

つまり〈温度〉は、エネルギーという「通貨」でエントロピーを売り買いする際の「換算レート」に相当する。手が氷へエネルギーを支払った結果、エントロピーの「トレーディング」が成立したのである。人間が為替レートの差で利益を得るように、自然は温度差間の熱エネルギー移動を通してエントロピーを得る。結局、損益を通算して状態数は何倍になったかというと、

$10^{13\,000\,000\,000\,000\,000\,000\,000}$倍ということになる。

この数字のバカでかさがおわかりいただけるだろうか。これを書き下して1のあとに0を並べていくと、ブルーバックス一冊がまるまるゼロで埋まるが、まだ全然足りない。仮にゼロで埋め尽くしたページをすべて地面に敷きつめていくと、地球の表面が7割がた覆われる計算になる。しかも、これは「桁数」を書いただけであって、数字の大きさそのものではないのだ。

あなたの目の前で、たったいま分子たちが経験したこと——エントロピーのパワーとは、そういうことなのである。

ときどき、第二法則の初等的な解説で「部屋がだんだん乱雑になってゆく」のようなたとえを見かけることがある。「じゃあ片づければいいじゃん」などと安直に思ってしまうのだが、エントロピーのパワーはそんな生やさしいものでないことがわかるだろう。膨大な数の分子が無心に動き回るという、たったそれだけのことが、文字通り想像を絶するパワーを生む。われわれの生死を左右し、地球と宇宙の運命を決める。それには何者も逆らうことはできない。「整理整頓」などは一切、不可能なのだ。

自然は「えこひいき」をしない

ところで、これまでの議論ではひとつ、根源的な仮定をしている。量子力学やエネルギー保存則に従いつつ、分子たちがとれる状態を飛び回る、そのしかたは、完璧にでたらめ、ランダムだということである。「こっちの状態のほうがいいなあ」というような好みは分子にはない。およそ許される状態は、どの状態も平等である。どの状態も、等しい確率で出現する。そう仮定しているのだ。だからこそ、われわれは単に状態の「数」を気にすればよく、各状態の「重み」などというものは、式(8)には現れないのである。

振り返れば、このランダム性――ありえないほどの〈単純さ〉こそが、マクスウェルが分布則を編み出したときの鍵であり、ボルツマンが「くじ引き」理論へと跳躍した潔さの源であった。そしてこれこそがまた、ほかの物理学者がこぞって難色を示した点でもあった。ニュートン力学がつかさどる「原因から結果へ、過去から未来へ」という一対一の明快な因果律と決定論では説明不能の、例の〈不可逆性の種〉である。

だが現実に、この仮定は正しい。自然は「えこひいき」を許さないのだ。統計力学では、この「等確率の仮定」が事実上、**唯一の前提**であり、すべての理論はここから、美しくもストレートに導き出されてゆく。

本書の「まえがき」で、エントロピーの概念はあまりにも単純で、小学生にもわかるほどだと述べたのは、まさにこの点である。分子が状態間を飛び回り、〈究極の支配者〉エントロピーへとつながってゆくメカニズムは結局のところ、サイコロを振って遊ぶ子どもが見る光景となんら変わりがないのである。

エントロピーの増大とは何か？　それは、いままでせき止められていたサイコロの「目」が、禁止令を解かれて出ることを許されたという、それだけのことなのだ。

1個のサイコロを考えてみよう。サイコロを6つの状態をもつ分子と考えるのである。何らかの物理的制約——たとえばバカバカしいが、サイコロがきちきちなサイズの小さな箱に入っていて、転がることができないとか——によって「1」という目しか出ないという状況を想像する。箱を何度振っても、ふたを開ければ出る目は「1」である。次に、箱を大きくして振ってみよう。今度はサイコロが自由に転がることができる。6通りの目が許されるから、当然、「1」が出る可能性は低くなる。サイコロを2回振る（あるいは、同じことだが2個のサイコロを同時に振る）と、場合の数は36通りになるから、2度とも「1」が出る可能性はますます低くなる。10回、100回……と振れば元のように「1」だけが延々と出つづけることは、まずなくなる。もう元には戻れない。〈不可逆過程〉が起こったのである。

手から氷へ熱が流れたのも、同じことだ。手と氷が触れた瞬間に、せき止められていたエネルギーのゲートが開く。いままで禁じられていた状態への地平が拓け、状態数は爆発的に増える。すべての分子があらゆる可能性、あらゆる状態へと突進し、転がり、ばらけてゆく。元の窮屈な状態に固執する理由などないのだ。

エネルギーの流れは本来、自由である。どちらの方向へ流れてもよい。だが、手から氷へと流れれば、莫大な数の状態〈サイコロの目〉が稼げる。ゆえに必ずそうなる。それが、われわれの眼には確固たる〈熱の流れ〉と映るのである。

この圧倒的なパワーは、どこから来るのだろうか。その源は、ひとえに膨大な分子数にある。それを実感するために、莫大な状態数の増加は、1分子あたりではいかほどになるのかをちょっと見てみよう。

1モルの氷（ジュースに浮かべる氷1個分）に、1Jの熱が流れ込んだとする。1分子あたりの状態数変化は、1・0004倍。実は、たいしたことがない。分子自身からすれば、ほとんど気づかないレベルだろう。ところが1モルもの分子が集まると、その微かな変化が、順列・組み合わせを経てめちゃめちゃ増幅されてしまうわけである。このような現象は、一般に〈組み合わせ爆発〉と呼ばれ、コンピュータのアルゴリズムなど、情報科学の諸分野でも頻繁にみられる。

自然はえこひいきをしない。あらゆる状態は同じ確率で出現する。そう言うと、多少とも物理や化学をかじったことのある読者は、違和感を覚えるかもしれない。

おいおい、そりゃちょっと違うんじゃないかい？　自然界では、エネルギーの低いほうが安定だから、そっちのほうが起こりやすいはずだろう？　リンゴは木から落ちる。ボールをバウンドさせると、いずれは床で動かなくなる。水素原子の電子だって、基底状態の1s軌道にいますよ、と習うじゃないか。もしあんたの言うとおりだったら、1sでも2sでも3dでも5fでも、全部の軌道に等しい確率で存在してるんじゃないの？

その通りである。**エネルギーの低いほうが安定である**という経験則は、自然界のあらゆる局面でみられる傾向であり、それは正しい。そして、それこそがマクスウェルとボルツマンが到達した分布法則にほかならないのだ。

え？　それってさっきの話と明らかに矛盾してんじゃん。どういうこと？

「えこひいきなし」と「えこひいきしまくり」――どう見ても矛盾している二つの主張が、実は互いに矛盾しないどころか、一方から他方が導かれる必然的な論理の帰結なのである。これは、初心者がほぼ例外なく戸惑う点であると同時に、ボルツマン分布の本質を理解するうえで欠かせない視点となるので、くわしく解説することにしよう。

「ボルツマン分布」とは

まずはボルツマン分布の概念について、確認しよう。そのもとになったマクスウェル－ボルツマン分布とは、本来の（狭い）意味では、熱運動をしている気体分子の速度に関する分布則であった。だが、そこに現れた独特な「べき」の形（$-E/k_{\mathrm{B}}T$）は、一般の物質の場合にも、容易に拡張できるのだ。エネルギーと絶対温度を用いた式⑽の指数関数の形を「ボルツマン因子」と呼ぶ（大雑把には「ボルツマン分布」とも呼び、統計力学では「カノニカル分布」と呼ぶ）。ここでは、エネルギーを表すのにUではなくEを用いている。これは、物体がもつエネルギーの「総量」ではなく、各分子に分け与えられたエネルギーの「かけら」を意味することを強調したいからである。この形がマクスウェルの速度分布式に対応することは、気体分子の熱運動エネルギーが速度の2乗に比例することを考えればわかる。

この妙ちきりんな関数形は、分子たちの熱平衡において**例外なく出現するユニバーサルな分布**である。実際、化学反応の平衡定数や反応速度など、物理・化学・生物学のあらゆるところでひょいと顔を出す。そして、すべての物質の熱力学的性質（温度依存性）は、つまるところ、それを構成する分子たちの熱分布に起因しているのだから、この分布の重要性は限りなく大きい。

$$f(E) = e^{-E/k_BT} \qquad (10)$$

分子たちの分布の様子を思い描くやり方はいろいろだが、「モグラ叩き」のイメージが楽しいかもしれない。モグラが穴から出てきてはしごをよじ登る。餌（エネルギー）をたくさんゲットするほど元気が出て、高い段に登れる。ただし気の毒にも、保存則により餌を食べることが禁じられているので、サーカスのオットセイよろしくほかのモグラと餌をキャッチボールして、ポコポコ昇降する。どの高さにモグラが何匹いるかを数えて統計をとると、平衡状態であればその分布は一定で、ヒストグラムはちょうど「ひな壇」みたいに、モグラたちが下から上へ先細りに並ぶ。これがボルツマン分布である（図4－4(a)）。

この分布は、「エネルギーの低いほうが出やすい」というわれわれの経験的感覚を、うまく定量的に表している。分布をエネルギーのかけらEの関数$f(E)$としてプロットすると、グラフは見慣れた指数関数を左右反転させた、右下がりの曲線になる（図4－4(b)）。関数の値はエネルギー分布、すなわち大勢の分子たちの中で、指定されたかけらの値Eを持っている分子数の割合（何パーセントか）を示している（この割合は$E=0$の分子数を基準とする相対的な値である）。これが右下がりということは、高いエネルギーほど分子数が少ないということだから、まあそうだろうな、とうなずけるだろう。エネルギーの低いほうが「安定」で、分布数も多いのだ。

では、温度を変えると分布はどうなるだろうか。高温では、Eが変わっても「べき」（指数）の変化が小さいから、分布は平べったくなる。つまり、低エネルギーでも高エネルギーでも分子数は似たり寄ったりになってきて、温度が無限大の極限では完全に平ら、すなわちすべてのエネルギー状態に分子が平等に分布することになる。

一方、低温では、Eがちょっと増えただけで「べき」がドバッとマイナスに動くので、分布はストンとゼロに落ちてしまう。$T=0$という絶対零度の極限では、すべての分子は落ちるところ

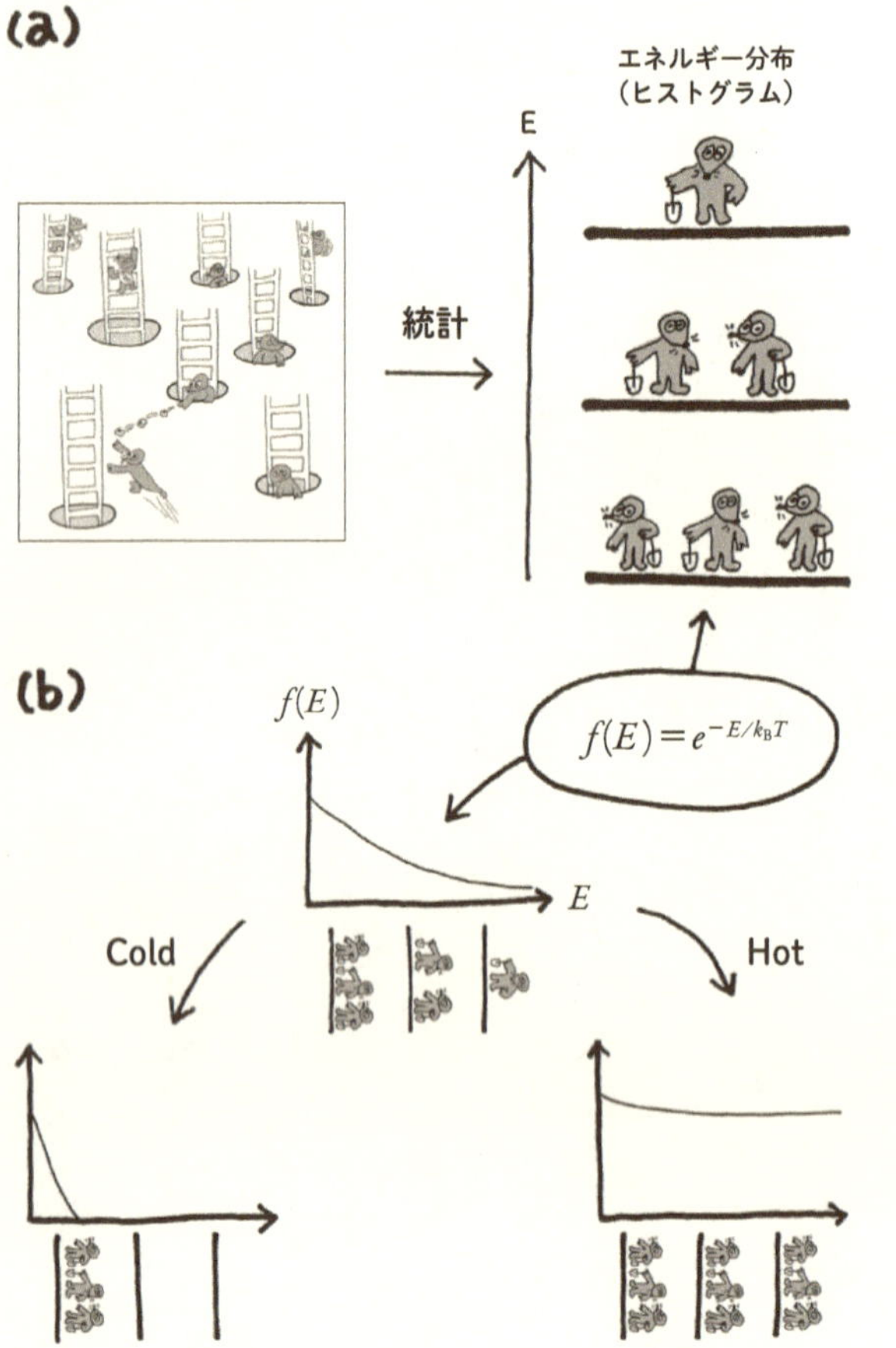

図4－4　モグラのボルツマン分布
(a)「ひな壇」のように、モグラたちが下から上へ先細りに並ぶ。
(b) 冷たいと低いエネルギーだけが出現するが、熱いと高いエネルギーも出やすくなるまで落ちて基底状態に凍りつく。このように、分布の温度依存性も、さもありなんという感じで、直観的にもきわめて妥当であるし、事実、正しい。

「フェア」と「アンフェア」はなぜ矛盾しないのか

さて、お待たせしました。いよいよ「すべての状態は等確率で出現する」という完璧にフェアな前提から出発して、なにゆえ「低エネルギー分子が多い」というアンフェアばりばりの状況が現れ出でるのかを説明しよう。よ〜く考えないとわからないが、わかってみれば「なんだ、そんなことか！」とワトスン博士ばりに膝を打つこと請けあいである。

少し具体的に述べよう。１モルの分子集団（理想気体でも水でも氷でもよい）が目の前にあって、分子たちはその中でポコポコと熱運動している。各分子のもつエネルギーのかけらEの値を何らかの手段で観測して、これこれの値をもつのは何パーセント……という具合にヒストグラムをつくって分子のエネルギー分布を調べてみる。たとえば分子１００個をサンプリングして、そのうち10個が$E=0$、5個が$E=1$だったら、$E=0$に対する相対値は$f(1)=0.5=50\%$というようにである。

このとき、１００個の分子をそれぞれ観測するかわりに、1個の分子を１００回観測しても同じことである。それは、１００個のサイコロを同時に振るのと、1個のサイコロを１００回振るのが同等であるのと同じだ。そこで分子を1個ピックアップして、その量子状態のエネルギーを繰り返し観測することで、エネルギー分布のヒストグラムをつくろう。

いろんなEの値が観測されるだろうが、たとえば、$E=0$と$E=1$では、分子数（出現頻度）はどう違うだろうか。「低エネルギーのほうが安定だから出やすい」という直観に従えば、当然、$E=0$のほうが多いはずだ（事実そうなる）。しかし、「すべての状態は等確率で出現する」という仮定が正しければ、Eの値にかかわらず出現頻度はすべて等しいはずである。そうではないのか？

そうではないのである。鍵となる認識はこうだ（図4－5）。**自然がフェアに扱う「量子状態」と、あなたが見つめている分子の「量子状態」とは、同じものではない**のである。

後者、すなわちボルツマン分布（式⑩）において、エネルギーのかけらEをもらっている分子の「量子状態」は、一見、単一の状態に思われるが、実はおそろしく多数の状態を背後に隠しもった「状態の集合」なのである。

たとえば、1回目の観測で分子は$E=0$をもっていたとしよう。2回目でも、また$E=0$だった。あなたの目には、この分子が2回続けて同じ「量子状態」にいた、と映る。だが、実際には1回目と2回目の「量子状態」は違う。なぜなら、この二つの観測のとき、**あなたが見ていなかった他の分子たち**は異なる状態をとっていたからである（図4－5(a)）。連中の一人ひとりのエ

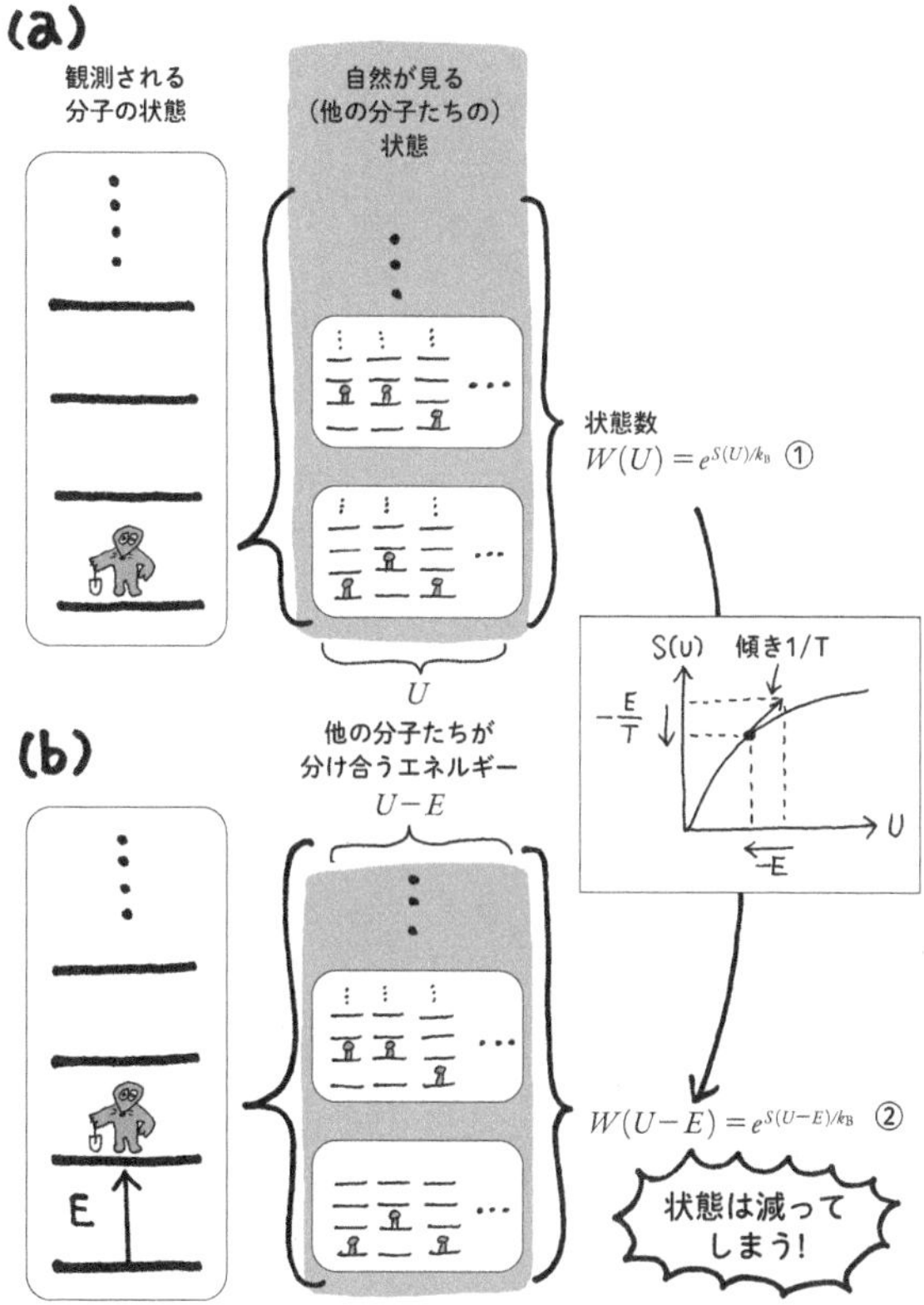

$$f(E)=\frac{W(U-E)}{W(U)}=e^{[S(U-E)-S(U)]/k_B}=e^{-E/k_BT}\ ③$$

図4－5　ボルツマン分布の「モグラ流」導出
母なる自然はえこひいきせず、見えない分子たちをフェアにあつかう

ネルギーは、〈あなたが知らないだけで〉1回目は（0、0、1、0、1、2、0、0……）であり、2回目は（0、1、2、1、0、0、1、0……）であり、という具合だ。「すべての状態が等確率で出現する」とは、これら、物体を構成する他の分子たちすべてをひっくるめた〈順列・組み合わせ〉の一つひとつが、等確率で出現するということなのである。だから、見ている分子のエネルギー出現頻度を知るには、**見ていない分子たちの状態をすべてカウントする**必要があるのだ。

その数は当然、膨大である。真っ向から挑んでもカウントできるわけがないという気がする。そもそも、観測していない他の分子連中も結局はランダムにポコポコ動いているわけだから、状態数はいつだって同じになるんじゃないのか？

ところが、そうではない。見ている分子が$E=0$の場合と$E=1$の場合とでは、見えていない他の分子たちの状態数は違ってくる。エネルギー保存則があるからだ。前者に比べて後者では、見ている分子がちょっとよけいにエネルギーをゲットしているので、他の分子たちの取り分は、トータルでその分だけ減ってしまっている。だから、連中のエネルギーの分けあい方の〈順列・組み合わせ〉も減り、状態数はそれだけ少なくなるのだ（図4-5(b)）。

「それだけ」って、どれだけなんだ？　意外にも、計算はやさしい。視点をちょっと変え、見ている分子以外の他の分子たちを全部まとめて一緒くたにして、一つの「系」と考えてしまえばよいのだ。統計力学の言葉でいえば「熱浴（リザーバー）」である。

Uをこの分子たちに与えられたエネルギーの取り分（総量）とすると、状態数$W(U)$とエントロピー$S(U)$は式(8)から指数・対数の関係にある（図4-5の式(1)）。見ている分子がちょっとエネルギーをゲットすれば、その分だけ熱浴の取り分は減る。これは1に限らずどんな値もとりうるから、一般的にEと書くことにする（図4-5の式(2)）。状態数はたしかに減っている。

では、見ている分子のエネルギーがEである出現頻度（確率）は、0である場合の何パーセントか？　結局これは単に、見えない他の分子たちの状態数をカウントして比をとればよい（図4-5の式(3)）。「べき」に出てくるのは、エネルギーの変化（$-E$）に伴うエントロピーの小さな変化量だ。これは、エネルギーの変化量（$-E$）×傾き（$\partial S/\partial U$）と表せる。式(9)より、傾きは温度Tの逆数にほかならない。結果はボルツマン分布そのものである。ミッションは完遂した。

エネルギー状態についての錯覚

いまの説明は、こう言い換えてもいい。これも、エネルギーを通貨としてエントロピーを売り買いする〈エントロピー・トレーディング〉の結果なのだ、と（図4-6(a)）。

取引は、われわれが見ている分子と、その周囲の他分子たちの間で行われる。見ている分子がエネルギーをゲットして高い状態に登ったとき、他の分子たちはそのエネルギーを支払った代償

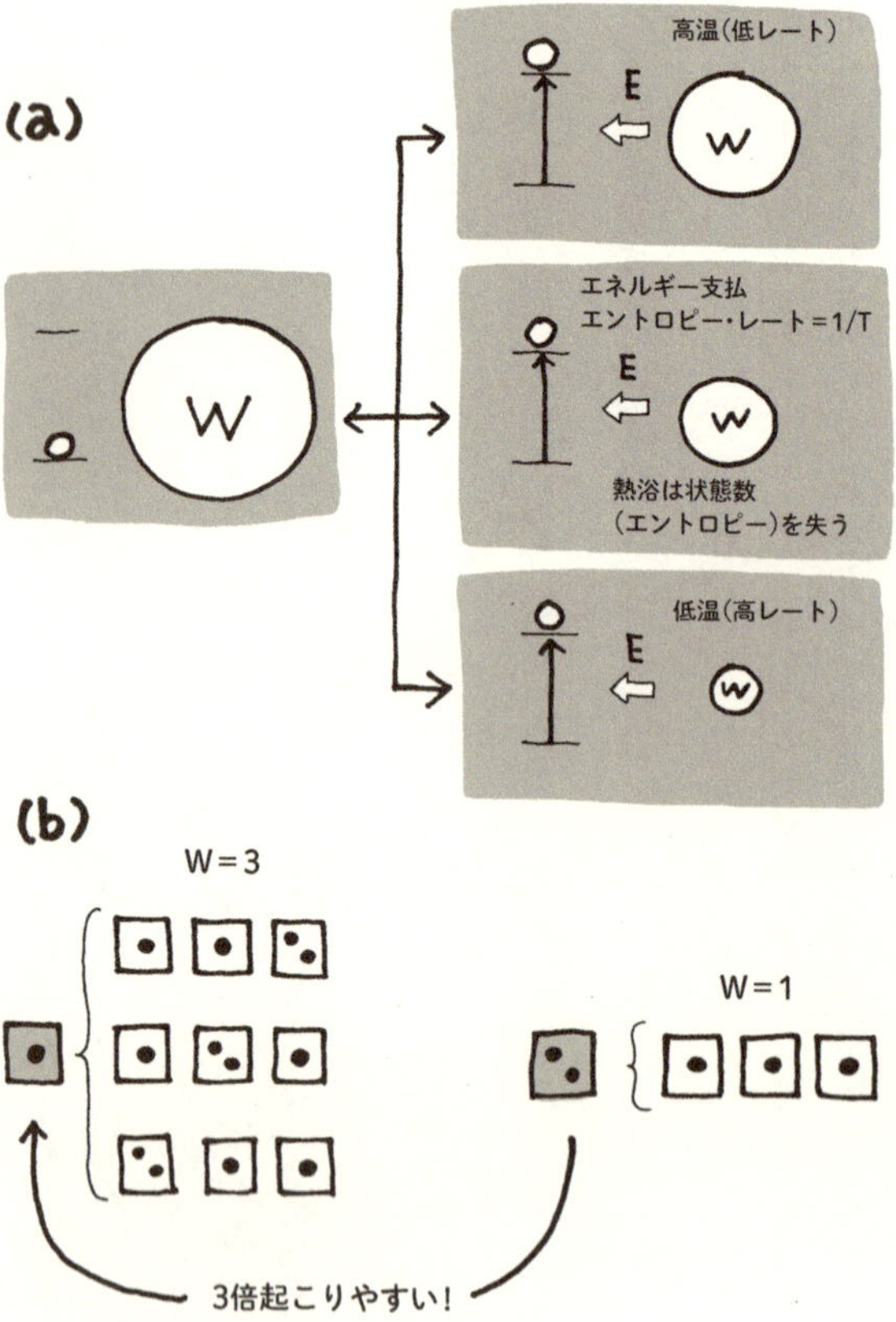

図4-6　アンフェアの理由
(a) エントロピー・トレーディング　(b) サイコロのトリック
エネルギーが特定の分子に集中すると、他の分子たちの状態数が減るので、その分、起こりにくくなるとしてかなりの状態数を失う。だから、そういう高エネルギー状態は起こりにくい。ボルツマン因子という「重み」が発生してしまうのだ。前述のように取引の際の「レート」が〈温度〉である。低温（高レート）では、エネルギーは貴重品であり、支払いに伴う代償が大きいから、高エネルギー状態はめったに起こらない。逆に高温（低レート）では、エネルギーが潤沢で、支払っても代償が小さいので、そこそこ起こることになる。

以上の結果として、われわれは、高エネルギー状態が「不安定」で、分子は低エネルギー状態へ落ちる傾向をもっている、と「錯覚」してしまうのである。しかし、真相は——分子はべつに、低いエネルギーを「好む」のではない。分子が高エネルギー状態にあるということは、エネルギーが特定の分子に集中していて、他の分子たちにそのかけらを分けることができないということを意味する。だから起こりにくい。それだけのことなのだ。

分子やエネルギーに馴染みの薄い読者には、この議論はまだ若干、呑み込みにくいかもしれない。そこで、くどいけれどもう一つだけダメ押しをしておこう。

例によってサイコロである（図４‐６(b)）。サイコロ1個が、6つの状態をもつ分子1個に相当する。4個のサイコロを用意して、うち1個の色を赤に変えて、区別できるようにしておく。この1個が、われわれが観測する（見ている）分子、のつもりである。さて、サイコロ4個を同時に振る。だが、見るのは赤いサイコロ1個だけである。このサイコロの目が出る確率はどうだろう。当然、どの目も等しく1／6である。他の3個のサイコロにもそれぞれ目が出ているが、「そんなの関係ねえ!」。ごもっとも。

ではここで、出る目に制約を課すことにしよう。4個のサイコロの目の総和を、必ずある一定の値(たとえば5)にする! と宣言するのだ。そうでない場合は、その結果はチャラにして、もう一度振り直す。これは——そう、「エネルギー保存則」のつもりである。サイコロ4個全体に与えられたエネルギーが5というわけだ。このルールに従って何回もサイコロを振り、統計をとろう。はたして、赤サイコロの目の出方はどうなるだろうか?

与えられたエネルギーがきちきちだから、3以上の目は許されなくなってしまっている。が、注目してほしいのはそこではない。むしろ、1と2の目である。なぜか赤サイコロの目は、1のほうが2より出やすくなるのだ。赤サイコロをいくら凝視して首をひねってもイカサマは見つけられないのだが、何回も振って統計をとった結果は、そうなるのだ。

この疑問は、他のサイコロに目を移すとたちどころに解消する。赤サイコロの目が1の場合、他のサイコロに許される目の出方は「1・1・2」「1・2・1」「2・1・1」の3通りある。だが赤サイコロが2の場合は「1・1・1」の1通りしかない。1の場合の数が2の場合の3倍あるから、1が出やすくなるのである。赤サイコロそのものではなく、隠された他のサイコロに注目して、その場合の数をカウントするのがポイントだ。

何のことはない。これが「低エネルギー状態のほうが出やすい」というボルツマン分布成立のメカニズムなのである。

まったく同じことは、われわれの身の回りでいつでも起こっている。リンゴが木から落ち、弾んだボールが床で転がる。動きはじめるときの原動力はニュートン力学だが、動かなくなるのは熱力学のなせるわざだ。物体に集中していた位置エネルギーが、細切れのかけら、熱エネルギーとなって、地面や床の分子たちへと飛び散ったのである。見えない分子たちの饗宴――第二法則に従って、エントロピーがトレードされたのだ。その結果、万物は「低いところを好む」ように見えるのである。

「分子の眼」で見る❶拡散

ところで、「エントロピーが増大する」という現象の中には、エネルギーのかけらが熱として拡散する場合のほかに、物質そのものが空間的に拡散する場合もある。この事実には、クラウジウスも当初から気づいていた。物質の拡散をミクロな分子の眼で見ると、どんなふうに映るのだろうか。ごく簡単にスケッチしておこう。

説明のしかたには２通りある。量子力学的な説明と、その「古典的極限」による説明である。前者のほうが論理的に明快だが、後者のほうが直観的にしっくりくる。まず前者からいこう。

①量子力学による説明

量子論では、分子でも電子でも光子でもよいが、とにかく粒々が限られた空間内を飛び回るとき、空間に「並進運動モード」が出現する（図4－7(a)＝空間を埋め尽くすギターの弦みたいなものだが、想像すると気持ち悪い）。その結果、（定常状態ならば）量子状態とそのエネルギーは、デジタル的に飛び飛びになる。初めて聞くと絶対に信じられないし信じたくもないが、真実である。飛び飛びの刻み（ステップ）がやたら小さいので、運動エネルギーは連続に見えるだけだ。デジタル写真やピラミッドの斜面が、離れて見るとスムーズに見えるようなものである。エントロピーがとどのつまり「カウントする」ということである以上、自然はやはり本質的に「デジタル」なのだ。

この「空間モード」の状態数（状態密度）は、体積Vに比例する。体積が倍になれば状態数も倍になる。だから分子たちが飛び回れる状態は一気に倍に増えることになる。サイコロの目が一斉に6通りから12通りになったようなものだ。状態数が増えたので、エントロピーも増えたわけである。これが第一の説明である（図4－7(a)）。

量子力学という苦い良薬さえ飲み込んでしまえば、この説明はストレートだ。だがトムソン、クラウジウス、マクスウェル、そしてボルツマンが連綿と築き上げてきたイメージ――偉大なる「気体分子運動論」の伝統はどうなるのか？　「気体とは、ニュートンの運動方程式に従って多数

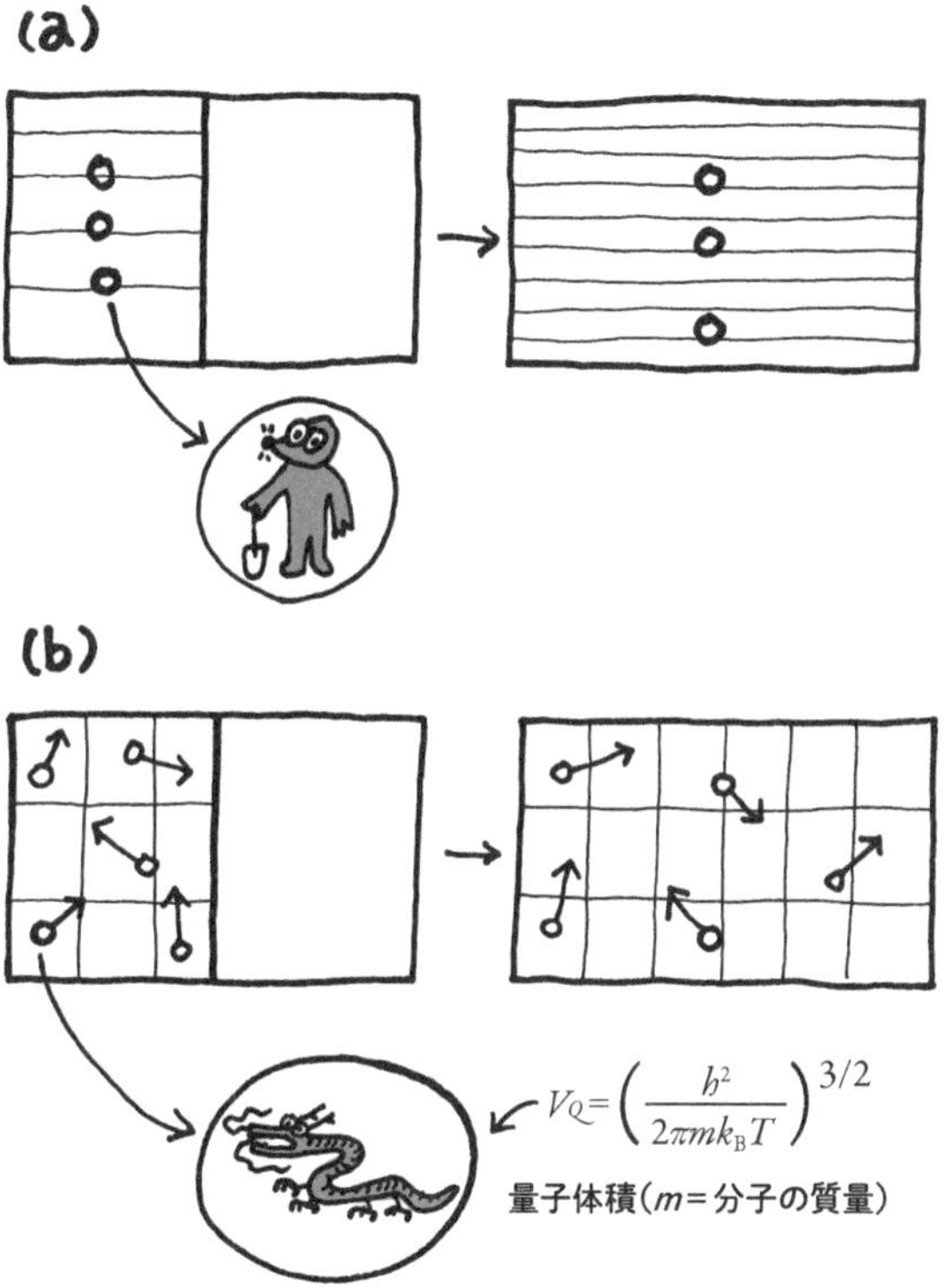

図４－７　分子が見た「拡散」
(a) モグラバージョン　(b)〈火竜〉バージョン
物質の拡散も、状態数とエントロピーを増大させる

の分子がランダムに飛び回り、衝突を繰り返している状態である」というイメージは、どこへ行ってしまったのか？　失われたイメージを取り戻すために、第二の説明に移ろう。

②古典的極限による説明

量子力学によって、古典的ニュートン力学が葬り去られることはない。量子的効果が無視できる極限においては、従来の力学が見事に復権する。飛び回る分子たちという「運動論」の原点へと回帰するのである。ただし、ここでも結局、不気味な〈量子〉の粒々は残る。空間はやはり賽《さい》の目のようにデジタル化されてしまうのだ（図4-7(b)）。

理想気体の場合は、箱の大きさ（体積）だけを気にすればよくなり、ある種の「運動エネルギーの塊」が箱の中を縦横無尽に飛び回る、というイメージへと焼き直すことができる。空間を飛び回る分子のイメージは、〈ド・ブロイ波〉という物質波の小さな塊——光子を竜にたとえた物理学者ウィグナーのひそみに倣《なら》って、「サラマンドラ」（火の中の竜）とでも言おうか——となって蘇るのである（図4-7(b)）。この〈竜〉のサイズは、〈竜の体積〉もとい〈量子体積〉V_Qと呼ばれる。状態数はV/V_Qに比例するので、やはり拡散に伴って〈竜〉の飛び回れる体積Vが増え、状態数とエントロピーも増えることになる。ちなみに、このイメージはそのまま希薄溶液へと適用できるので、希薄溶液は「浸透圧」など、あたかも理想気体のような性質を示す（終章参照）。

「分子の眼」で見る ❷仕事

さて、「拡散」という体積を変化させるプロセスの話をすると、もうひとつ気になってくるのは、カルノー・サイクルのところでさんざっぱら語った「膨張・収縮」、そして、それに伴う「仕事」という概念である。ピストンとシリンダーで気体を押したり引いたりする所業は、エントロピーの発見につながる大いなる導火線となったわけだが、ミクロな分子の観点からはどのように見えてくるのだろうか。ここでも、量子力学と古典的極限から2通りの説明ができる。

①量子力学による説明

まず、量子力学による説明では、ピストンを押したり引いたりして体積が変化すると、それに応じて並進運動の「モード」が変化する、と考える（図４－８ⓐ）。さっきの拡散のときは、突然、モード（と状態数）が変化したが、シリンダーの体積がゆっくり変化する膨張・収縮では、モードとそのエネルギー状態は、エレベーターやエスカレーターのようにずるずると、連続的に昇降してゆく。モードは、はしご段のように縦に多数連なっていて、それらが一斉に上がったり下がったりする。イメージとしては、むしろバウムクーヘンとか地層が近いかもしれない。水平な「しましま」が横から押される（収縮）と、じわじわっと持ち上がり、引っ張られる（膨張）と、じわじわっと下がる、という感じだ。

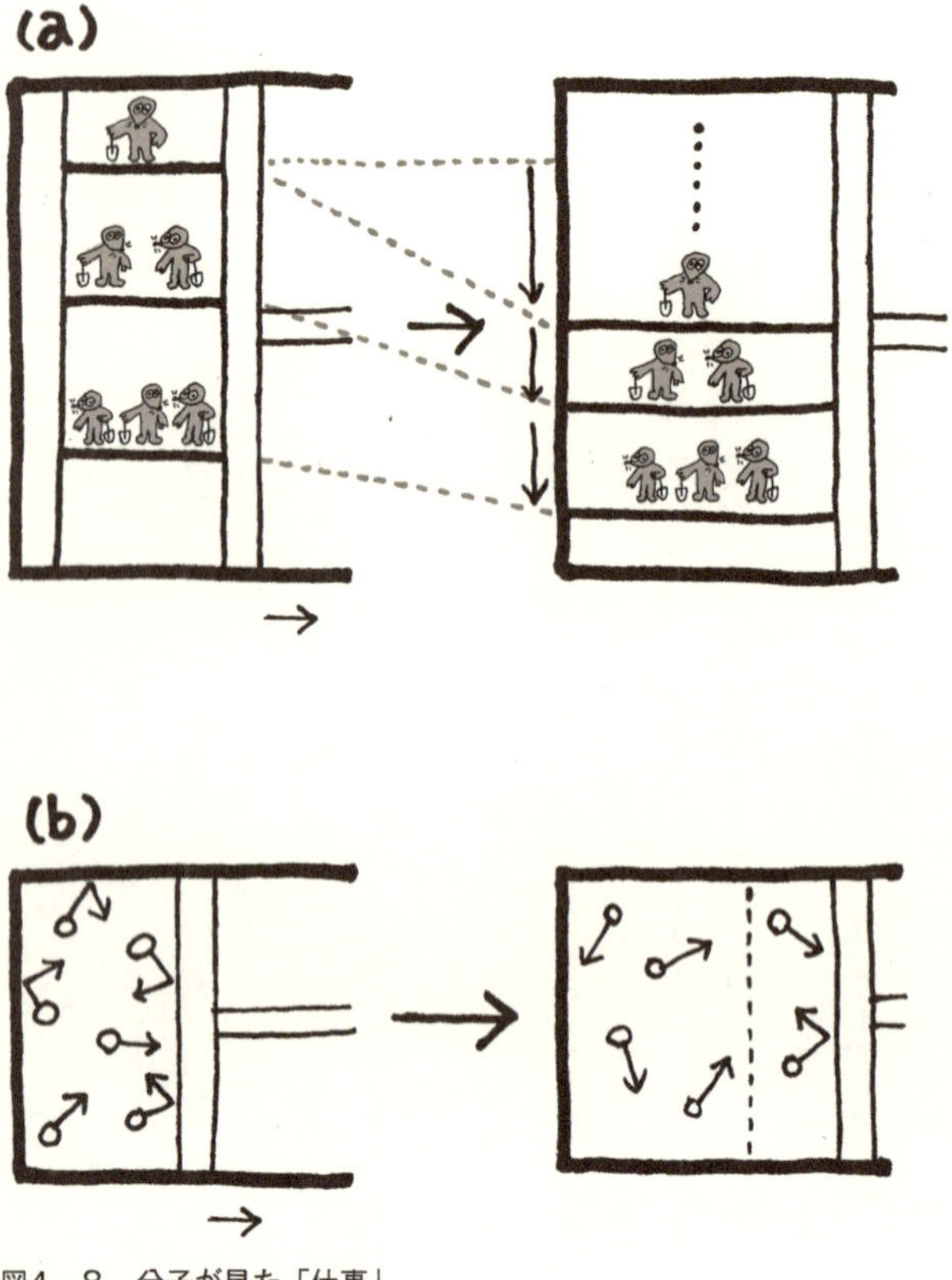

図4－8　分子が見た「仕事」
(a) モグラバージョン　(b)〈火竜〉バージョン
ピストンが動いて膨張すると、分子たちのエネルギーの一部がマクロな動力に変換される膨張してはしご段のエネルギーが降下してゆくとき、はしご段に何も載ってなければ、熱力学的には何も起きていないのと同じだ。しかしそこには、ボルツマン分布に従ってときどき分子が載っている。その分子は（しょうがないので）とりあえず段に載っかったまま、一緒にずるずると下がってゆく。つまり分子のもつエネルギーは減少していく。するとエネルギー保存則から、分子が失ったエネルギーはどこかへ移動しなくてはならない。これが、ピストンを押す「仕事」となるのだ。

一個一個の分子の「仕事」は小さいが、全部を合算すると、ちゃんと「圧力」×「体積変化」という「熱力学的仕事」に等しくなることがわかる。ミクロな分子たちのエネルギーが、一部分、マクロな「動力」に変換されたわけだ。

ところで、はしご段が一斉にずるずるっと変化すると、あるべきボルツマン分布もさっきまでとはちょっと違ったものになるだろう。つまり、分子たちの分布はこのままでは、熱平衡状態からずれてしまっていることになる。これはまずいぞ、と分子たちは大慌てで、正しいボルツマン分布を回復すべく、熱エネルギーのキャッチボールを繰り返し、はしご段を飛び回る。しかし、すべての分子はさきほど仕事をした分だけエネルギーを失っているから、もとの温度で熱平衡を回復するためには、外から熱エネルギーをどんどこ取り入れる必要がある。これが等温膨張に伴う「熱」の流入に相当する。一方、（可逆）断熱膨張では熱エネルギーが供給されないので、分子たちは段に載ったまま降りてゆく。分布は不変でありエントロピーも一定のまま、エネルギーと温度が下がってゆく。

つまり、「仕事」も「熱」も、箱の中の分子たちが各自のエネルギーを外部とやりとりするという点では同じである。だが、前者が「ピストンを押す／引く」という特定の方向に揃ったマクロな動きを起こすものであるのに対して、後者は乱れたエネルギー分布を、あるべき正当なボルツマン分布へと矯正するために外部から供給される（収縮の場合は外部へと放出される）「ランダムなエネルギーのかけら」なのだ。これが分子レベルの量子力学から見た「仕事」と「熱」のイメージである。後者のみが、エントロピー＝「乱雑さ」を運ぶのだ。

②古典的極限による説明

古典的極限による説明では、〈竜〉が現れて、分子の役割を演じる（図4－8(b)）。〈竜〉の一匹一匹が運動量を持って容器の壁に激突するので、それを積算したものが、われわれには気体の圧力として感じられるということだ。ピストンが動くと、仕事がなされたのでその分だけ〈竜〉たちの運動エネルギーは減る。断熱過程なら温度が下がるが、等温過程なら外から熱エネルギーが供給されて、温度は元に戻る。

以上のような説明を組み合わせることで、カルノー・サイクルをミクロな分子の眼から完全に説明することができる。これこそまさに、サディ・カルノーが夢見た究極のヴィジョンに違いない。確かに彼は、正しい方角へ矢を放っていたのである。

分子の世界からエントロピーの本質をえぐり出す、という最終目的は達せられた。そのためには、ボルツマンの「くじ引き」と、プランクやアインシュタインの「粒々」の双方が不可欠であった。この二つのアイデアは、どちらもおそろしく常軌を逸しており、受け入れがたく、しかも真実を突いていた。こうして人類は、すべてを動かす分子たちのダンスを、初めて正しく理解したのである。

ただし世界は、エントロピーの松明の光が、どれだけ遠くまで照らし出すことができるのか、その広大な射程には、まだ気づいていなかった。

＊　＊　＊

ボルツマンの死後、プランクによって激しく非難されたあとも、マッハは頑なに原子論を否定しつづけた。原子を信じるくらいなら物理を捨てて思想の自由を選ぶと宣言し、実際にオーストリア科学アカデミーを退会してしまった。

彼の後半生もまた悲劇に彩られていた。20歳の次男が、博士号を取った1週間後に睡眠薬自殺するという不幸に見舞われ、結局立ち直ることができなかった。プラハが本当に嫌になり、やっとのことでウィーン大学に移ったのだが3年後、卒中で倒れて半身麻痺となり退職したのである。

　おそらくその後の、1910年から1916年の間のどこかでのこと——ボルツマンの最後の弟子の一人であり、ウィーン・ラジウム研究所長であったシュテファン・マイヤーから、マッハに手紙が届いた。マッハを研究所に招待したい、という内容で、マイヤーはこう書いていた。

「あなたが否定している原子の実在を証明する実験があります。ぜひ、ご自分の眼でご覧になってください」

　老マッハは杖をつきながら、マイヤーの研究所にやってきた。その実験とは、ボルツマンの死の3年前に発明された「スピンサリスコープ」を用いるものだった。これはアルファ線シンチレータと顕微鏡を組み合わせたもので、プレパラートの中で原子が放射線を受けて発光すると、それが花火のように点として光って見えるのである。

　原子を直接観察できた、とまではいえないが、多くの物理学者に原子の実在を確信させるには十分な花火だった。

　マイヤーの回想によれば、マッハは暗室で顕微鏡を覗きこむと、何分もの間、一言も発せず、原子の発するその光をただ見つめていた。そして、帰り際につぶやいたという。

「いまは、私も原子の存在を信じる」

　哲人は、生涯をかけて築きあげた世界観が目の前で、砂上の楼閣のごとく崩れ落ちる断末魔の光を見たのだろうか。それとも、それは花火であって原子ではない、と自らを納得させたのだろうか。われわれにはわからない。少なくとも著作では、マッハは死の前年まで、反原子論の立場を変えなかった。20世紀も末になって、科学史家ブラックモアがマッハの遺稿を精査した際にも、その死に至るまで、原子の実在を認める記述は一つとして見つけることができなかった。

だが、ノートの片隅に、謎めいた手書きのメモが見つかった。

おそらく１９１４年ごろに書かれたと思われるその筆跡は、極度にかすれ、激しく震えている。

原子は　オカルトでは　ない？（*Atome nicht occult?*）

その2年後、原子の存在を信じることを自分に許さなかった哲人は、78歳で他界した。

第一次世界大戦がすでに始まっていた。終戦と同時に、オーストリア・ハンガリー帝国とハプスブルク家は滅亡する。ボルツマンとマッハが生きた世紀末のウィーンは終わった。

エントロピーの矢 その2

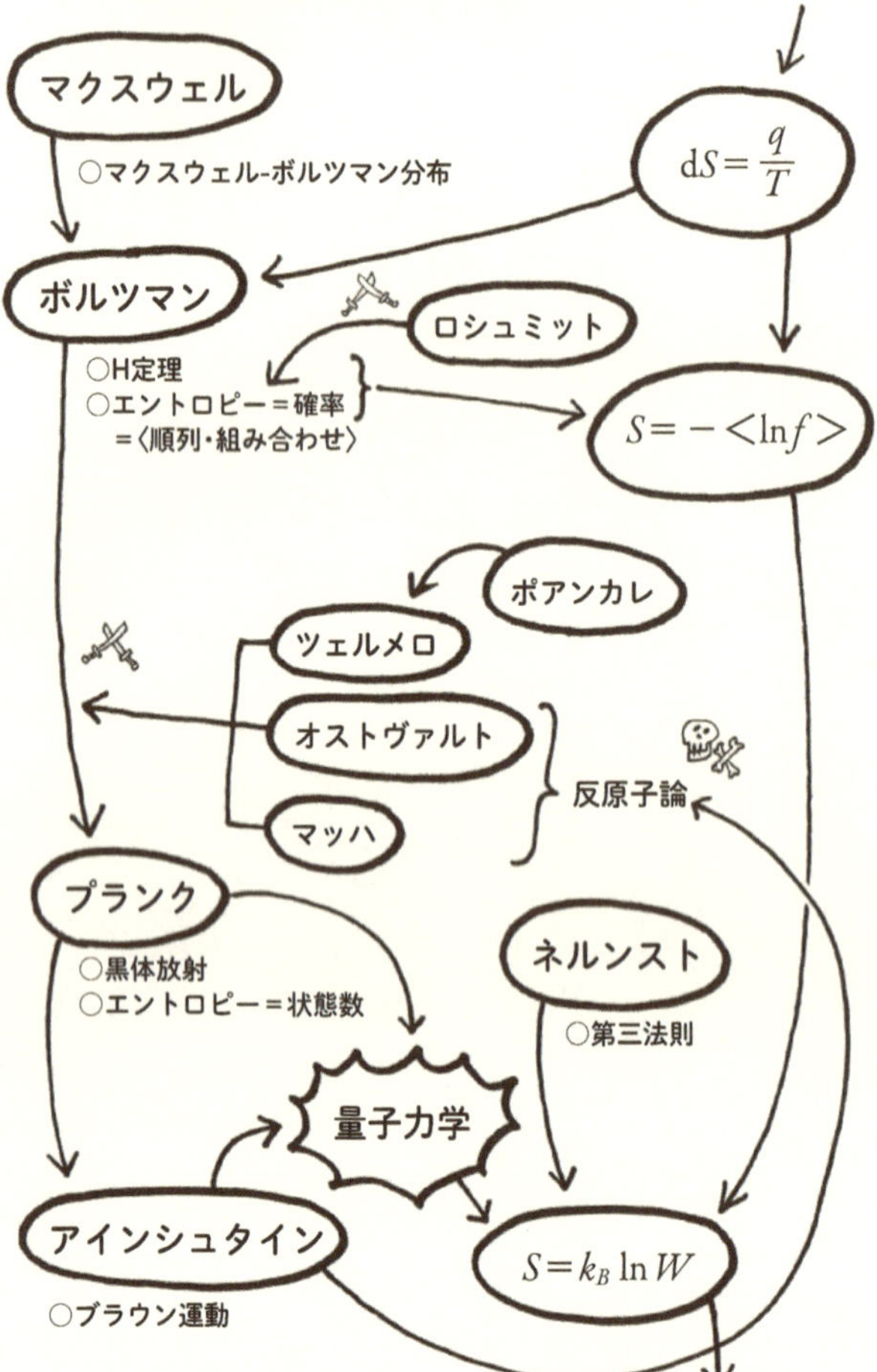

マクスウェル
○マクスウェル-ボルツマン分布
$dS=\frac{q}{T}$
ボルツマン
ロシュミット
○H定理
○エントロピー＝確率
＝〈順列・組み合わせ〉
$S=-<\ln f>$
ポアンカレ
ツェルメロ
オストヴァルト
マッハ
反原子論
プランク
○黒体放射
○エントロピー＝状態数
ネルンスト
○第三法則
量子力学
アインシュタイン
○ブラウン運動
$S=k_B\ln W$

第5章

田舎の天才——南北戦争のアメリカ

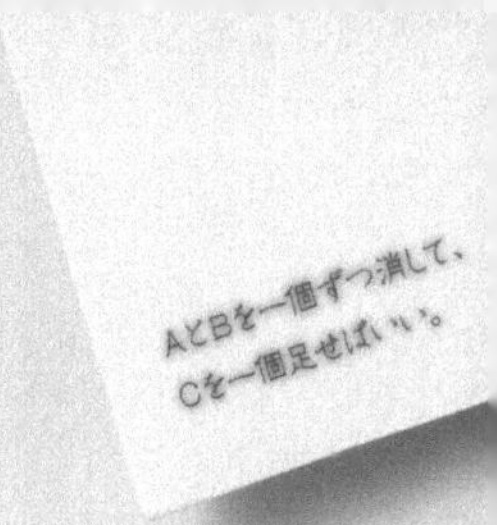
AとBを一個ずつ消して、
Cを一個足せばいい。

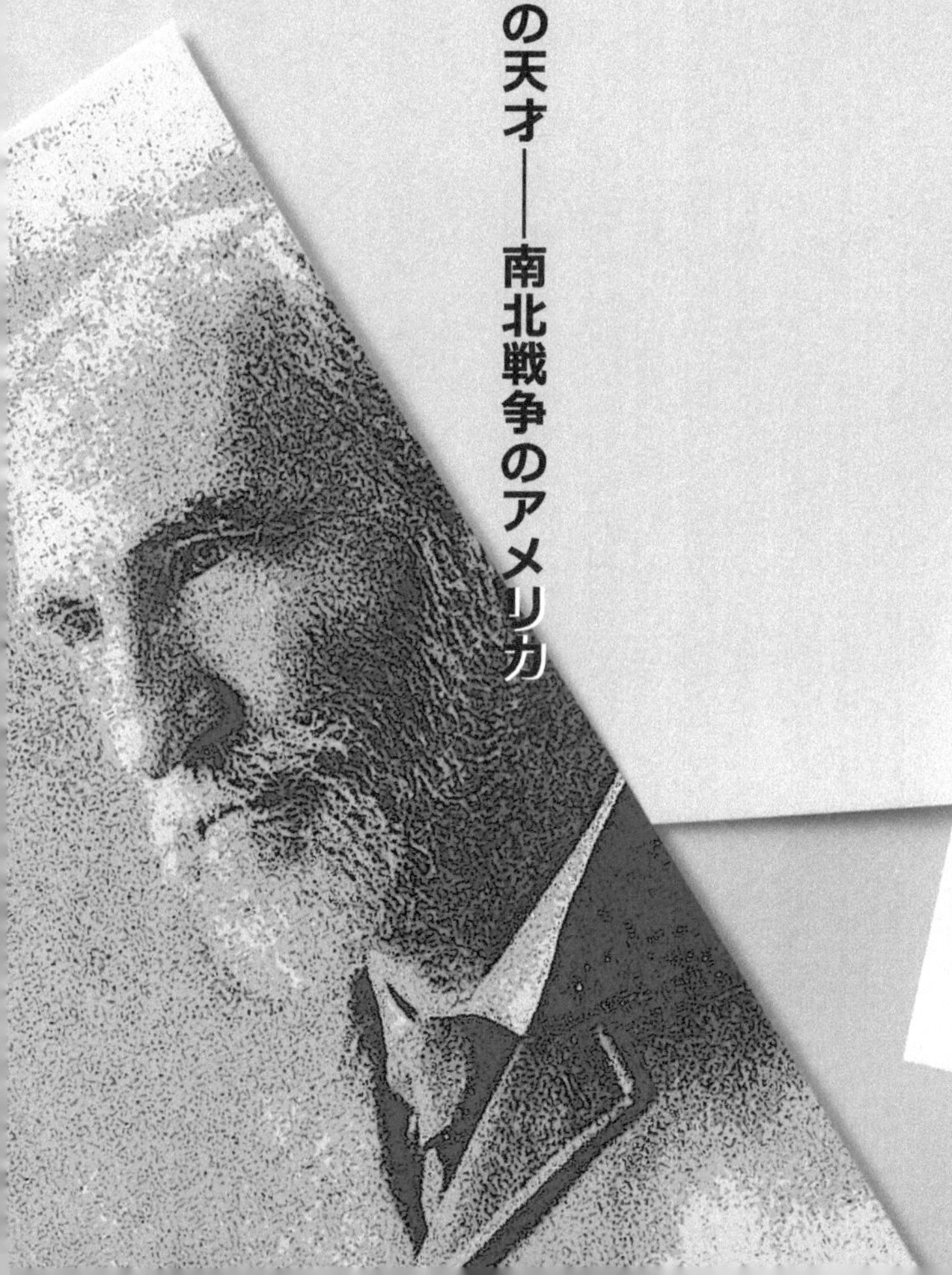

1875年10月、ニューヘヴン——長すぎる論文

ここで時代は前後するが、いったん欧州大陸を離れ、大西洋をも越えて、新大陸へと目を転じてみよう。

折しもオーストリアで若きボルツマンが、例の2本の論文でエントロピーのヴェールを剝ぎとりつつあった時期のこと。場所は米国、東海岸のニューイングランド。科学の中心からは遠く離れた、いわば「サイハテ」の田舎町である。

会議は長引いていた。いま、エール大学の一室に集まっているのは、『コネティカット芸術科学アカデミー紀要』という雑誌の出版委員の面々。総勢は6名。彼らの目の前にうずたかく積み上げられている原稿が、紛糾している議論の元凶だった。

「複雑な数式が多いと組版によけいに金がかかる。とてもじゃないが、資金がまるで足りない。会員はたった100人かそこらだし、会費は年5ドル、大学からのサポートもゼロだ。いままでだって、毎回のように同僚やニューヘヴンの実業家を回って、資金集めに奔走しなけりゃならなかったからねえ」

たしかに『紀要』はエールの誇りである。創刊されて10年近くにもなるから、そこだけ見れば

『ネイチャー』よりも古い。が、依然としてマイナーな雑誌であり、巻としてはまだ3巻目。国際的に有名な欧州の科学専門誌とは比べるべくもなく、内容的にも同人誌に近いとすら言えた。それでも170の学会（うち140は海外）に送付していて、出版費用は馬鹿にならない。

「商店街の親父たちはギブズをよく知っているから、助けてくれるんじゃないでしょうか」

委員の間に笑いがこぼれた。

「本当に、それだけの価値のある論文なのかね？」

誰かがそう言うと、一同の視線はおのずと、二人の数学科教授に集中した。両人は一瞬、顔を見合わせて躊躇したが、やがて、今回の議長を務めているルーミス教授が口を開いた。

「出すべきだとは思う。だが正直言って、私には内容がまったく理解できなかった」

いま一人は、件《くだん》の論文の著者ギブズの師にして友人、天文学者ヒューバート・アンソン・ニュートン教授である。先ごろ、彗星の軌道を正確に予言して的中させ、世界的に有名になった。論文の真価を熱く語るなら、この男をおいてほかにない。しかし——。

「実は、私にも全然理解できなかった」

委員たちはざわめいた。

「ほかの雑誌に出してもらうというのはどうかな？」

「たぶん蹴られるでしょうね。どう見ても長すぎる」

「何ページぐらいになる?」

「組んだら140ページ(!)といったところでしょう。数式は353あります」

どよめきは大きくなった。それにとどめを刺すように、

「続きもあるらしいんです。おそらくもっと長い」(事実、3年後に完成した第2部は182ページ、数式は計700になった)

たしかに、かつて『紀要』の創刊号を飾ったのは131ページの記事(「ニューヘヴンで18年間に観測されたオーロラの記録」)だったし、「エール博物館の放射状動物標本の分類」に至ってはなんと9部に分かれ、精緻で芸術的なイラストが多数ついて計350ページ以上にも及んでいた。長いというだけでは門前払いの理由にはならない。

しかもギブズは4年前、「前途有望な若手」として数理物理学教授に就任してから、エール大学の期待に応えるべく、地味だが着実な成果をあげてきている。すでに二つの論文を『紀要』に発表し、それには英国の雄マクスウェルが大いに注目したという。ヨーロッパから田舎者扱いされてきた米国の科学界にとってそれは、ニュートンの彗星に続く溜飲下げの快挙である。——とはいえ、それはそれ。前の論文は、普通に短かった。しかし今回のこの代物は明らかに「論文」の常識を逸していて、読者の喜ぶ顔もちょっと想像しにくい。この調子でバカスカ出されたら破産だ。委員たちは思いあぐね、議論は一向に収束しなかった。

そうこうするうち、しばらく沈黙していたアカデミー会長のヴェリル教授が口を開いた。

「われわれは、みんなギブズをよく知っている。あの男が書いた論文だ。信じよう」

この一言で、すべてが決まった。全員がほっとした。ルーミス議長は、みなの気が変わらぬうちにと、さっさと閉会に動いた。あとは、誰が猫の首に鈴をつけるか、だが──。

「では、今回の募金はニュートン教授にお願いしよう」

「え？　いやいやいや。私はもう何度もやってますから……」

「あなたが一番うまいからね。じゃよろしく」

ルーミスは、ステッキとシルクハットを取り上げるが早いか、とっとと部屋をあとにしようとした。ニュートンは飛び上がって叫んだ。

「ちょっと待った！」

そして、すかさずポケットから雑誌購読用紙を取り出すと、

「100ドル寄付のところに署名願います。一番てっぺんにね！」

一同が爆笑した。ルーミスは苦笑しつつ人々を見渡すと、無言でそのページに署名して、出ていった。

この日、会議のメンバーは、そうとは知らずに人類の未来を書き換えていた。嘘みたいな話だが、実際にニューヘヴンの商店街の親父たちも、『紀要』を応援したらしい。人類は、彼らの決

断に感謝すべきだろう。ギブズの論文は、100ドルをはるかに超える価値を持っていた。

ひょうたんから出た天才

19世紀後半のアメリカは、たしかに、学問的にはいまだ地の果てと言ってよかった。遡ること12年前の1863年、南北戦争最大の激戦といわれるゲティスバーグの戦いの前月、ジョサイア・ウィラード・ギブズ（図5－1）はエール大学から博士号を与えられたが、理学系の博士号は米国ではこれが二人目だった（工学では初）。ところが、このぽっと出の24歳の若者がやがて、学問的にははるかに先をいくヨーロッパを驚愕させることになる。

ギブズがその生涯にわたって発案したさまざまな概念——たとえば「相律」「ギブズエネルギー」「化学ポテンシャル」そして「分配関数」は、〈エントロピー〉という概念の適用範囲を飛躍的に拡大した。相転移や電池、気象から生化学まで、その理論は今日の教科書にほとんどそのまま採用されていると言っても過言ではない。その影響はあまりにも根本的であり、広くかつ大きいので、逆に「これがギブズの功績ですよ」とピンポイント的に指摘することができない。現代科学にとって、まるで水か空気のような存在になってしまっているのだ。それほどの先見性と完成度であり、ぶっちぎりで時代を超越していた。

しかし、同時に彼の論文は、これはもう異次元というか、同時代の優れた科学者たちが軒並みひるむほど、難解をきわめていることでも有名なのである。しかも彼は、欧州留学の経験はあるものの、クラウジウス、トムソン、マクスウェル、ボルツマンといった人々に直接師事したわけではない。まったく突発的、突然変異的に「無」から出現したようにも見えるのだ。

この男はそもそも人間なのか。だとすればどんな人間だったのか。その発想はいったい、どこから来たのか。興味は尽きない。ところが、彼の人生は——少なくとも外面上は——本書の登場人物中、最も地味であり、波乱もドラマもゼロなのである。科学者の伝記は書きにくいといわれるが、なかでもダントツで書きにくいらしく、一般書でその名前が出ることもほとんどない。

こうなると逆に、この人はどうしてこうも地味なのか、というマニアックな好奇心さえ湧いてくる。長くなるけれども、ちょっとひねた視線でじっくり見ていくことにしよう。

図5-1　熱力学に巨大な貢献をしたギブズ(1839-1903)

古き良きアメリカに育まれ

コネティカット州ニューヘヴンの生まれ。ボルツマンより5歳上、マクスウェルより8歳下。年とってからの写真を見ると、いかにも礼儀正しく温厚そうな白髪の紳士である。哲学者風でもあるが、近所を散歩していれば気軽に話しかけたくなるおじさん、という感じでもある。

ジョサイア・ウィラードという名前は、英国王ジョージ一世時代に船乗りからマサチューセッツ州務長官にまで出世した祖先にあやかったものだそうだが、まぎらわしいことに、一族に同名が6人もいる。なにしろ彼の親父もまったく同名の「ジョサイア・ウィラード・ギブズ」なのだ。得意だった数学をあきらめて神学、聖書学、言語学の研究者となったギブズ父は、エール・カレッジ、次いでニューヘヴンの神学校で教鞭をとり、プリンストンから名誉法学（神学）博士号ももらっているから、かなりの学者だったようだ。穏やかな人柄、非社交的、慎重・厳密で合理的な判断を下す人——これらはギブズ父の人物評だが、息子にもそのままあてはまる。年は離れているが、よく似た父子だった。

母親も知的で活発、なかなか面白い人だったようで、当時の主婦としては珍しく鳥類学の本を愛読したりしていた。しかし1855年に、50歳で死去。ギブズ息子はまだ16歳で、エール・カレッジに通っていた。姉が3人と妹が1人いたが2人は早世し、残った上の姉アンナ、下の姉ジュリアと、ギブズは生涯、一緒に暮らすことになる。両親に先立たれ、姉妹の面倒を見なければならないという事情もあって、彼は終生、独身だった。ただジュリアの結婚後は、ギブズ家は姉夫婦と子どもたちでいつもにぎやかだった。

ギブズが7歳のとき、ギブズ父はニューヘヴンのハイストリート121番地に家を建て、一家は借家住まいから引っ越した。息子にとってはこれが、最初で最後の引っ越しだった。なんと、その後の全生涯をギブズはこの家で暮らしたのである。生まれた借家、通った小学校、エール大学、職場、そして埋葬された墓地。すべてがその家から2ブロックと離れていない。文字通り、ゆりかごから墓場まで動かなかったのだ（ただし欧州留学を除く）。究極の、地味人生——。

だが、片田舎の、そのまたさらにちっぽけな、猫の額ほどのこの領域で、人類の歴史でも類のない、分子と宇宙をつなぐ荘厳にして巨大な神殿が、人知れず醸成されていくのである。

内気で無口、真面目な子どもだったから、煙たがる友だちもいた。15のときファニーという名の女の子に初恋をして花束を贈ったが、あえなく振られてしまった。だが花束だけは、ものすごく気に入ってもらえたらしい。知りうるかぎり、これが彼の人生でただ一度きりのロマンスである。

子ども時代には肩の凝らないご近所パーティがしょっちゅうあって、牡蠣やサンドイッチが振る舞われた。子どもたちはアイスクリームに大喜びした。クリスマス会、ピクニック。ギブズ少年は、ラテン語の発表会もそつなくこなしたらしい。まさにオルコットの『若草物語』を彷彿とさせる、ニューイングランド中流家庭の素朴で牧歌的な風景である。

内乱と発明のフロンティア

しかし、社会に目を転じると、激動は目前に迫っていた。南北の亀裂である。ちょうどギブズが生まれた年（1839年）に、有名な「アミスタッド号事件」が起こっている。反乱を起こしたスペインの奴隷船が米海軍により捕縛され、反乱奴隷たちの扱いを巡って裁判となった。激しい論争の末、奴隷解放の判決が出て、北部の奴隷制反対運動を大きく後押しする結果となる。この裁判はニューヘヴンで開かれたのだが、アフリカ人の奴隷たちの通訳を探すのに、ギブズ父が一役買った。留置場にいる言葉がまったく通じない奴隷たちから「1、2、3……」を意味する単語を巧みに聞き出したのである。それからニューヨーク港へ出向き、船を回ってその言葉を大声で連呼しつづけて、ついにそれに反応する人間を見つけ出した。これは有名なエピソードのようで、スピルバーグの映画「アミスタッド」にも、ちょっとだけギブズ教授が登場する（うんちくを傾けるときは息子と間違えないようにしよう）。

1861年、そのギブズ父が71歳で他界した。そして2週間後には、奴隷解放論者エイブラハム・リンカーン（図5－2）の大統領就任が発火点となって、南北戦争（図5－3）が勃発する。ギブズ22歳、大学院生のときであった。

ニューヘヴンはむろん北軍だが、後方支援の立場だった。それでも激動と無縁ですむはずはない。当時、米国最大のカレッジだったエールからは、総計183人の学部生と、574人の卒業生が戦地へ赴いた。

戦争は酷かった。現在に至るまで、米国が経験した最悪の戦争といえる。死者数は第二次大戦の米兵死者よりはるかに多い。子ども・女性・老人を含む、全国民の50人に一人が戦死した。開戦時にはみな、こんなに長い戦いになるとは夢にも思っていなかった。親子や兄弟、親戚が、南北に分かれて殺しあった。兵士は違う色の軍服を着ていたために味方に撃たれた。錆びた欠陥銃が顔面で暴発した。かたや社会は空前の軍需景気に沸いてもいた。

さきほどは「牧歌的」と書いたものの、当時の新聞などを見るとニューヘヴンも、田舎町というメルヘンチックな印象に反してけっこう物騒だったらしい。学生ばかりか消防士（！）までが暴動や喧嘩、殺人に巻き込まれるのも日常茶飯事で、学生は護身用の銃を持ち歩くよう勧められたという。ときは西部開拓時代の真っただなか、南北戦争終結後も西部では先住民との戦いが続いていた。のちに伝説化されるジェシー・ジェイムズやカスター中佐、ワイアット・アープとビリー・ザ・キッド――ギブ

図5-2　リンカーン
(1809-1865)

図5-3　南北戦争（図はゲティスバーグの戦い）

ズが生きた自由と平等、発明とフロンティア精神の時代とは、同時に、殺戮と無法の時代でもあったわけである。

ギブズ自身は病弱で、結核が疑われていた。視力も弱かった。しかも姉妹を支える一家の大黒柱でもあったから、戦争には志願しなかった。卒業時に賞をもらったので、大学院に進むのが義務でもあった。だが、従軍する友人を見送って旗を贈るという一団には参加した。幼なじみや同級生は、何人も戦死している。

この時代の社会や戦争を、ギブズはどう見ていたのだろう。記録は残っていないが、社会問題や激動に自ら身を投じるという性格ではなかったから、どちらかというと、ニューヘヴンの技術や工学、科学革新と、進取の精神のほうに強く惹かれていたようだ。

エールは当時においても、米国の大学で最高の水準にあったが、国際的に有名な科学者はほとんど出ていなかった。重点が置かれていたのは実用面、とくに工学、応用数学、力学だった。ここでギブズはめきめきと頭角を現し、数学の懸賞問題で毎年、首席を獲得した。進学した大学院（「哲学科」という名前だが実際は工学）は10年前に設立されたばかりで、学生実験を行わせる点で画期的であった。博士論文のタイトルは「平歯車の歯の形について」。のちに大輪の花を咲かせることになる彼の頭脳はすでに片鱗をのぞかせているが、当時の大学と世相を反映してか、関心は専ら工学的発明に向いていた。１８６６年には鉄道ブレーキの発明で特許を取得する。南北戦争終結とリンカーン暗殺からちょうど一年後のことである。エジソンが最初の特許を取るのがその2年後。時代はまさに発明の黄金時代へと向かおうとしていた。

余談になるが、リンカーンは米国史上、特許を持っている唯一の大統領である。１８４９年、40歳のときに取得したその特許とは、蒸気船の「浮き」に関するもので、米国歴史博物館に展示されている。鉄道会社の弁護士をやっていたころから機械にはくわしく、「発見・発明・改良」というタイトルの講演が大人気で品評会や学校から引っ張りだこだったという。この点でも、彼は米国の時代精神を体現していた。有名な言葉が残っている。

「特許のしくみは、天才の炎に、利益という燃料を注ぐのだ」

ギブズにも、工学的才能を示す伝説的エピソードがある。彼の視力低下は乱視によるものだったが、当時の医者は乱視のことをよく知らなかった。ギブズは自己診断で自分が乱視であることを突きとめ、眼鏡のレンズさえも光学知識を駆使して自ら設計したという。

さて、学位を取得したギブズは、エール大学講師の職を得て、得意だったラテン語と自然哲学を教えた。深遠なる理論物理学者というイメージからは想像しにくいけれども、こまごまとした日常些事をこなす事務能力も卓越していて、投資や家計のやりくりは得意だった。のちには自分が卒業した小学校の財政難を救うため、理事になって会計を担当している。

無給の大学教授

特許の件が一段落すると、ギブズはヨーロッパへの留学を決意する。自身も姉も健康でなかったことを考えると、かなり思い切ったことのようだが、当時、少なくともエールの人々にとって、留学はすでに珍しいことではなくなっていた。蒸気船によるニューヨーク発着の大西洋定期航路は、片道8日間にまでスピードアップされていた。志ある若者が、最先端の学問を学ぶために欧州をめざすのは、理の当然だった。

ギブズ家は豊かではなかったので、留守宅を人に貸して姉たちと三人で行くことにした。1866年8月、ギブズは航海に出発する。その生涯で唯一の、故郷を離れての長旅である。

主たる目的は、科学の最前線で可能なかぎり、広い視野を得ることにあった。しかしパリでは根を詰めすぎて具合が悪くなり、医者に勧められてリヴィエラで冬を過ごした。これが非常に効いたらしい。すっかり元気になってベルリン、そしてハイデルベルクへ。ここには第3章でも名前が出たヘルマン・フォン・ヘルムホルツ（図5－4）がいた。光学、エネルギー論、流体力学、電気学、生理学などで幅広く活躍した19世紀物理学界の巨人である（写真を見ると厳しそうだが、実際厳しかったらしい）。だが、その講義をギブズが聴いたかどうかは不明である。このころにマクスウェルやクラウジウスを読んだ形跡もないから、熱力学にはまだ、強い興味はなかったのかもしれない。予定通り3年で、ギブズは無事に故郷へ帰った。

帰国したギブズが取り組んだ問題は、ワットの蒸気機関に関係するものだった。ワットがエンジンの定速動作のために考え出した「調速機」という仕掛けが、彼の発明家魂を刺激したのである（実はマクスウェルも調速機の論文を書いている）。このあたりから、ギブズと熱力学の距離は徐々に縮まってゆく。そうこうするうち、一つの転機が訪れた。1871年、近代化を掲げるエール大学は、物理学の急速な発達を教育と研究に取り入れるべく「数理物理学教授」というポストを新設し、ギブズをそれに任命したのである。ただし無給（！）。帰国してからのギブズは無職に近く、大学でちょ

図5－4　ヘルムホルツ
（1821-1894）

っとフランス語を教えていただけだから、公式な推薦状はなかった。論文もゼロ。これまでに発表したのは例の「鉄道ブレーキ」の特許ただ1件というお寒い状況——どうみても数理物理学の権威にはほど遠い。おそらくはギブズの師ニュートンの強い後押しがあったのだろうが、ほかの教授陣もそれぞれ個人的に、ギブズの切れ者ぶりは知っていた。

当時はエールといえども恒常的に金欠状態が続いていた。大学当局にとっては、無給でも働くという「将来すごいかもしれない若者」は、魅力的に映ったのかもしれない。たとえコネ人事だったとしても、これはいまから見れば超絶的に正しい判断だった。

無名のギブズに師事しようという物好きな学生は少なかった。まじでほぼ無給だったようで、大学の出納簿にはわびしげな「少額謝金」の文字だけが残っている。だが、ギブズにとってこの「就職」は渡りに船だった。慎ましい生活を支えるだけの収入はある。あとは好きな研究に没頭できさえすれば、それでよい。2年後にほかの大学から有給のポストを打診されたときも、彼はあっさりと断った。それどころではなかったのだ。このとき、彼の頭の中には、浮世のすべてを凌駕するほどのヴィジョンが生まれかけていたからである。

マクスウェルの贈り物

大学院ではポアソン、フレネル、コーシー、波、光学といったテーマで講義をした。当初は、マクスウェルの電磁気学を知らず、1873年のマクスウェルの教科書で初めて知った。熱力学に関心が向かったのも、最初は工学的興味からだったと推測される。だが、吸収と展開は劇的に速かった。

1873年、第一論文「流体熱力学のグラフ的手法」と第二論文「曲面を利用した熱力学的物性の幾何学的表現方法」を矢継ぎ早に出す。このとき34歳。

欧州でクラウジウスが「エントロピー」の定義に踏み切って8年後、ボルツマンが〈H定理〉を発表した翌年のことである。マクスウェルはまだエントロピーの意味を把握しきれず、誤解していた。しかしこのときギブズは、すでにエントロピーと熱力学を完璧に理解し、それを出発点にしてさらなる一歩を踏み出している。第一論文で二次元と三次元のグラフを最大限に活用しながら、熱力学の基本方程式や相平衡の条件を導いたのだ。

さらに第二論文では、エントロピーについてのマクスウェルの勘違いを指摘してさえいる。これに対しマクスウェルは、気を悪くするどころか、そのアイデアを即座に理解し、手放しで絶賛した。自著の改訂版の一章で「抜群に価値のある方法」と書き、ロンドン化学協会に出かけても「私自身と他の人々が長らく苦労して解けないでいた諸問題を、一瞬にして解くことができる」とギブズの天才について熱く語った。論文を2本書いただけの若造に、科学界のエースが贈る言葉としては尋常ではない。その喜びようは、論文に出てくる三次元グラフを、石膏模型として造らせたほどであった。大洋を飛び越えて、天才は天才を理解したのである。

しかしギブズは立ち止まらなかった。1875年から1878年にかけて、度肝を抜く第三論文「不均一系物質の平衡について」を発表。2部構成、総ページ数323。例の、『コネティカット芸術科学アカデミー紀要』の出版委員たちを困惑させた破格の論文である。時期的にはちょうど、ボルツマンの第二の偉業、「くじ引き」論文に重なる。つまり、二人の天才は〈エントロピー〉という山を同時に、しかしまったく別のルートから攻略しようとしていたのだ。一人は頂上に駆け上り、その本質、すべてを剝ぎとった〈生の姿〉をとらえようとし、もう一人は、その頂点から発せられる輝きのすべて、雷鳴のすべて、木霊《こだま》のすべてを完璧にとらえるために、山を取り囲む壮大かつ精緻な〈都市〉を組み上げようとしていた。ギブズの第一の偉業――熱力学の完成である。

ギブズは自らの意図を明瞭に示すべく、クラウジウスの熱力学第二法則を冒頭に掲げる。そして、そこからあふれ出す泉のように、熱力学のすべてが理路整然と構築されていった。化学平衡と相平衡があり、浸透圧があり、相律がある。臨界現象。希薄溶液。重力。固体の歪み。表面張力と毛細管現象。相分離。薄膜（しゃぼん玉）。結晶成長。そして最後に電気化学（電解めっきと電池）。

破格の長大さではあったが、内容があまりにも広くかつ深いため、表現は切り詰められた。しかも、物質の個性を削ぎ落として究極の一般化をめざしたため、文体は極端に抽象的なものになった。

「物体中で独立に変化しうると認識するために必要な近接成分の数が、その究極組成を表現するのに十分な成分の数を超えることは稀ではない」

この文章の意味するところが、実は水蒸気と水素と酸素の混合気体である、といえば何となくその感じがおわかりいただけるだろうか。

独創的アイデアがここまで圧縮されてしまうと、もはや「常人には理解不能の難解さ」と評することしかできなくなる。実際、論文を読んだ教授の一人が吐いたとされる、有名なセリフがある（件の出版委員会でのものと誤って伝えられているが）。

「古今東西の人類でこの論文を理解できるのは、マクスウェルただ一人だろう。だが、彼はもう死んでいる！」

この言葉は半分だけ当たっている。たしかにギブズの論文を理解するには、数学・物理・化学にまたがる広く強力な素養が必要だった。当時、米国はおろか欧州でも、マクスウェルくらいしかそんな人物は思い当たらなかった。だが、もう半分のほうは、幸いにして間違っていた。マクスウェルは、このときまだ生きていたのだ（図5－5）。

第三論文の第1部が出たとき、マクスウェルはまだ元気だった。さっそく、学会のスピーチで

図5-5　ギブズを熱く支持したマクスウェル

これを紹介し、再びギブズを絶賛した。だが、第2部が完結した1878年7月には、前年からの胸焼けに苦しみ、ものを飲み込むのにも苦労するようになっていた。翌年9月には激痛の発作に襲われ、10月には腸癌で余命1ヵ月と宣告された。だが死を目前にしても彼は、ギブズから送られた論文の比類なき重要性をまたもただちに看破し、強くヨーロッパ全土に紹介したのである。

その死（1879年11月5日）の2週間前、見舞いに訪れた友人は、マクスウェルからあるものを誇らしげに見せられたという。マクスウェルはそれを、ベッドの上で掲げてこう言った。

「ウィラード・ギブズの曲面だよ！」

それは、例の石膏模型だった。

マクスウェルは模型を三つ造らせていて、その一つは海を渡ってギブズのもとに届けられた。

「物理化学」の創生

第三論文はその見かけの難解さゆえ、理解され応用されるのが随分と遅れたが、いざ蓋を開けてみると、それが科学と産業に与えた影響は、控えめに見てもはかりしれない。

有名な「ギブズの相律」ひとつをとってみても、ギブズが書いたのは「単なる数学的自由度の問題」であり、たったの４ページだったが、その応用例は数十冊、総計1万ページをゆうに超える。分野も冶金、合金、セメント、コンクリート、セラミクス、地質・鉱物・岩石学、マグマと火山噴火……爆薬用の硝酸塩の製造法にも関わっていて、その知識は第一次大戦の戦力バランスまで変えたほどだ。ある科学史家は、１９１２年に南極でスコット探検隊が全滅したのは、相律を知らなかったからだとまで言い切る。燃料缶をはんだ付けするのに使ったスズ合金が、相律の示すとおり低温で相転移して粉末化してしまい、油がすべて漏れ出してしまったのだ。隊員たちはその最期まで、なぜそんなことが起こったのか理解できなかったようだ。

むろん相律は、豊穣なるこの論文のひとしずくにすぎない。熱力学のすべては完成された体系を成し、考えうる可能性のすべてが探索し尽くされていた。

難解とはいわれるが、あらためて読んでみるとギブズの思考様式そのものには難しいところはない。たしかに厳格で高度に数学的・抽象的なのだが、最も重要視されているのはむしろ理論の「単純さ」である。枝葉を落とすことで、理論はそのまま森羅万象に適用できるようになっている。個々の物性によらず、あらゆる物質と装置に応用できるために、潜在能力がすさまじいのだ。ただ、その抽象化が、よけいな解説やら具体例に乏しいのでとっつきにくく、読者はイメージがつかみにくいのである。とくに化学者はこれに閉口した。

その思考の点でも、それを立証する実験技術の点でも、ギブズは時代のはるか先を行っていた。彼に追いつくのに、世界は半世紀を要したのである。論文から58年後、その著者の死から33年後の1936年、諸分野の専門家が集って、その影響と応用を解説する注釈本を出した。ページ数は1300になった。


ギブズの名が欧州で多少とも知られるようになったのは、ひとえにマクスウェルのおかげだった。ギブズのもとには、英国の数学者、物理学者、化学者から論文の別刷り送付を依頼する手紙が相次いだ。エントロピーと化学平衡の問題に思い悩んでいた化学者からの手紙には、ほとんど泣かんばかりの感謝の言葉が連ねられている。

米国内でも、その業績の真髄が理解されたわけではないにせよ、マクスウェルの与えた評価はただちに浸透していった。早くも1879年には米国科学アカデミー会員となり、2年後には権威あるラムフォード・メダルを受賞している。現代に至るまで高い権威を誇っている国立科学アカデミーは、もともとは南北戦争中の軍事技術諮問機関としてリンカーンが1863年に設置したものであり、戦争後は米国の科学者を束ねる最高水準の学会となっていた。

ドイツでもギブズの評価は高まっていた。ヘルムホルツは、自身が導いた熱力学関係式が、実は数年前のギブズ論文中にすでにあったことを知る。訪米した際、ギブズに会うことを望んだがかなわず、残念がったという。電磁波を発見してマクスウェル理論の正しさを証明したハインリヒ・ヘルツも、率直にギブズを賞賛している。

「あなたの熱力学を完全にはマスターできませんでしたが、それがいかに根本的なものであるかがわかるくらいにはマスターできました」

ボルツマンの論敵オストヴァルトは、ドイツ語圏でギブズを最も熱狂的に受け入れた人物である。難解なこの論文を普及させるにはドイツ語にするしかないと考え、翻訳も出版した。このころオストヴァルトは、ファント・ホッフと「Zeitschrift für Physikalische Chemie」という専門雑誌を創刊して、「物理化学」という新たな分野を意気軒昂、旗揚げしたところだった。

オストヴァルトが意図した物理化学とは、熱力学の原理を化学の諸分野に応用することにほかならなかったから、ギブズはそのものずばりの羅針盤だった。ドイツは物理化学のメッカとなり、世界中から留学生を引き寄せた。ギブズの理論は物理化学の屋台骨として、その価値をいや増してゆくのである。

米国でもそれから10年遅れで「物理化学」の雑誌「Journal of Physical Chemistry」が創刊され、編集者のバンクロフトはギブズと緊密に連絡をとり続けた。

ギブズにより熱力学は完成された——そして、そのことを世界は知りつつあった。物理化学者たちは、その〈豊穣なる供物〉を小脇に携えて、思い思いの方向へと散っていった。

「生ける伝説」へ

後年、ギブズは多数の栄誉に輝き、英国王立協会からコプレー・メダルも受賞している（1901年）。これはノーベル賞創設前には科学界最高の栄誉といわれた賞である。にもかかわらず、ギブズはあくまでも「知る人ぞ知る」存在であり、エール大学の卒業生ですら彼の名を知らない者が多かった。彼は受賞について、一切口にしたことがないからだ。プリンストンから名誉博士号を受けた日には、学生たちは「本日休講」の理由を用務員から聞いたという。

電子の発見者J・J・トムソンの回想がある。1887年のこと、米国の新しい大学の学長が、はるばる英国ケンブリッジへ、分子物理学の教授を探してヘッドハントにやってきた。トムソンは即座に言った。「だったら英国へ来るまでもない。最適任者がアメリカにいるじゃないですか。ウィラード・ギブズですよ」。そしてギブズの業績を説明して差し上げた。すると学長はしばらく考えて、言った。「別の人がいいですな。その人がそんなに魅力的な人材なわけがない。この私が名前を聞いたことがないんですから」。

ちょっと驚くのは、ギブズが自国の数学会と物理学会から何の栄誉も受けていないことだ。それどころか、彼が米国数学会の会員になったのは亡くなる直前であり、新設された米国物理学会にも結局入らなかった。23年間在籍した米国科学アカデミーの会合ですら、計7回（うち4回はニューヘヴンで開催）しか出ていない。

ギブズを直接知る者が異口同音に語るのは、自負や尊大さとは無縁だったということである。自己顕示欲とか優越感とかを、終生まったく持ちあわせていなかったようなのだ。己の偉業の底知れないどでかさに気づいていたようには見えない。社交的ではなかったが、家族、友人、学生、同僚とのつきあいは暖かく、話すと面白くてユーモアのセンスがある。文学に造詣が深く、洒落た詩を書くこともある。音楽や芝居も好きだが、これにはたまにしか出かけない。草花や木の知識も豊かで、路面馬車に乗って郊外へ長い散歩をした。

「凪のように穏やか」。家族は彼をそう形容した。

町でも〈ウィリーおじさん〉はみなに親しまれた。南北戦争後はガス灯、水道、それに（市電ならぬ）路面馬車がようやく普及してきたころで、ギブズ家でも馬車を買った。乗馬が好きで、荒馬を御する腕もすばらしかったというから、馬とは相性がよかったのだろう。小さな馬そりも持っていて、冬には近所の子どもたちを乗せてあげた。

第三論文執筆当時の様子を、ギブズのいとこの女性がユーモラスに描写している。

「『不均一系物質の平衡』っていうのが、目の前の校正刷りの題名なんだけど。ウィラードがいま、しゃかりきになってるやつ。お硬い言葉とか記号とか数字がいっぱいで、あんま面白そうじゃないし、わかる気もしないわね。いったい、こんなので人が賢くなったり善くなったりするもんなのかしらね。アンナおばさんも昨日言ってたわよ、何やら誰一人理解できないものを書いてるって。でも慌てて言い直したわ。正確には『あたしたちみたいな連中には』って意味だって」

彼女は別の手紙で、ギブズがしゃぼん玉で遊んでいたとも書いているが、これは論文の第2部で石鹸水の表面張力を論じるための実験をしていたのだった。当時、物理学実験の設備はエールにも全米のどの大学にもなかったから、彼は家で装置を自作したわけである。

夕食のとき、誰がサラダのドレッシングをかき混ぜるかという話になった。ギブズはスプーンを取り、笑いながら言った。

「僕がやろう。この家では僕が、不均一系平衡の権威だからね」

いつしかギブズは、エールの「生ける伝説」と化していた。こんなエピソードがある。

教授会で学部生のカリキュラム改善が議題にのぼり、強化すべきは数学か、語学か、で激論になった。そのとき、一度も口を開いたことのなかったギブズが突如立ち上がった。みなが息を呑んだところへ一言——「数学は、言語ですよ！」。

電磁気学に関する論文を『ネイチャー』に投稿したあと、友人に、あなたの論文が出てましたね、と言われて「え？　ほんとにあれを載せたの？」と驚いたという。

また、こんな〝名言〟も吐いている。

「数学者は何でも好きなことを言える。だが物理学者は、少なくとも部分的には正気でなければならない」

ところでギブズには、あまり知られていないが「ベクトル解析」にも功績がある。今日、あたりまえのように教えられている内積、外積、勾配・発散・回転といった概念と表記法の大半は、ギブズによって整えられたものなのである。電磁気学において、これがどれほどわれわれの理解を助けたことだろうか。恐ろしく込み入った書き方のマクスウェルのオリジナルと、シンプルな現代の教科書を比べれば一目瞭然だ。マクスウェルが使ったのは「四元数」という記法なのだが、ベクトルを用いれば、はるかに簡単に書けることをギブズは見抜いたのである。彼自身は小さなパンフレットを書いただけだったが、これが口コミで評判を呼んだ。

ところがこの件が、ギブズを妙な論争へと巻き込む。「四元数の専門家」を自認する英国のテイトが、ギブズを口汚く罵り出したのだ。テイトにはかつて、クラウジウスをこき下ろし、マクスウェルにエントロピーを誤解させた「前科」があった。またおまえか（笑）、というしかない。これには、さすがのギブズもぷちっときた（と思う）。テイトを相手に、さり気ない皮肉とユーモアを交えつつ小気味よい論陣を張った。この論争の結果は、今日のわれわれが知るとおりである。

ギブズのアドレス帳

ギブズはただひたすらに、自らが面白いと思う問題を追究し、他人の意見や理解は気にしなかった。ただ、ニーチェの言葉を借りれば「この矢がどこかに引っかかることを願って」論文の別刷りを、理解してくれそうな人々に送っていた。世界の科学者をリストアップした手書きのアドレス帳が残っていて、そこには20ヵ国、507名の住所が並んでいる。そうそうたる名前ばかりである。本書に登場する同時代人もほとんどがいる。ちょっと意外だが有機化学者ケクレの名も見える。おおっと思うのは「ラフマニノフ教授（キエフ・ロシア）」という項目だが、作曲家との関係は不明である。

ところで、このリストを見て一番驚くのは、なんと二人の日本人がいることである。明治元年は1868年だから、第一論文の5年前にあたる。ようやく開国と維新を成し遂げ、近代化への道をまろびつつ走りはじめていた時分であり、むろん大学もまだない。そんな国からまぎれこんだ場違いとも見えるこの二人は、いったい、何者なのか。

一人目の日本人は、山川健次郎（図5－6）。会津藩出身、白虎隊に参加して生き残ったという波乱万丈の経歴の持ち主だが、のちに東京大学初の理学博士号を取って日本人初の物理学教授となり、さらに東京・九州・京都の各帝大の総長を歴任した（うち九州は初代）超大物である。

健次郎は1871年、17歳のときにエール大学国費留学生となり、4年間の留学で物理学の学位（理学士）を取得した。若き健次郎は当初、欧米に反感を抱いていたが、米国へ向かう船の上で態度を改めたという。太平洋のど真ん中で2隻の船が正確に待ち合わせ、手紙を交換したのを目の当たりにして衝撃を受け、科学こそが近代化の鍵だと悟りをひらいた。彼が船の中でカレーライスを食べたのが、日本人のカレー事始めとされる。米国ではサボる仲間を尻目に猛勉強し、英語も堪能になって見事にエール入学を果たす。理学系では初の日本人である。

図5－6　山川健次郎（1854-1931）

ニューヘヴンに滞在した健次郎の面倒を親身になってみたのが、ギブズ家の一員、姉ジュリアの夫アディソン・ヴァン・ネームだった。彼は東洋文献の専門家で、日本文化にも非常にくわしかった。夫妻はのちに、健次郎の妹で、津田梅子とともに日本初の女子留学生となる13歳の山川捨松をニューヘヴンへ引き取る際にも大いに尽力した。ときにギブズは36歳、第三論文を出しはじめた時期だった。健次郎が学んだのは学部なのでギブズの直接指導はなく、健次郎や捨松の伝記にもギブズの名は出てこないが、ギブズと健次郎はかなり親しかったとみて間違いあるまい。アドレス帳でも、健次郎の名はなぜか2番目（個人名では先頭）に出ていて、ギブズは光学とクラウジウス追悼の論文を送っている。たぶん「ケンジロー」が大成したことを知っていたのだろう。

もう一人の日本人は、健次郎の次の世代の木村駿吉（図5－7）である。のちに無線機の発明で有名になる海軍技術者だ。軍艦奉行の次男として江戸に生まれ、東大を卒業後、1893年からハーバード、次いでエールで学び、ギブズの指導のもとで物理と数学を研究する。1896年、球面関数の研究で博士号取得。この男もなかなかに面白い人物で、前述の「四元数」を熱烈に愛し、世界の数学者に呼びかけて「四元数協会」を設立したことでも知られる。手紙の文面からすると、ギンギンに血潮みなぎる「熱い男」だったようで、ギブズもそこが気に入ったのかもしれない。彼は木村に「統計力学」の本を送っている。

図5－7　木村駿吉
（1866-1938）

分子は保守派なのか？

では、これまで凄い凄いと絶賛してきたギブズ第一の偉業――〈熱力学の完成〉とは、具体的にはいかなるものなのだろうか?

そのすべてを語ることは、今日の熱力学のすべてを解説することとほとんど同義だから、とりあえず本書では無理だし、筆者の能力も軽く超える。ここではエントロピーと初等的な化学反応の話に限定して、いくつかのポイントだけを解説することにしよう（簡単のため、ギブズのオリジナルとは異なるアプローチをとる箇所もあることをお断りしておく）。まずは小手調べである。〈ル・シャトリエの原理〉というやつをご存じだろうか。

高校の教科書に必ず出てくるので、聞き覚えのある方も多いだろう。化学反応の平衡に関する法則で「平衡は、外部からの刺激に抵抗し、それを緩和する方向へシフトする」というものだ。具体的には、たとえば温度を上げると、反応は吸熱する方向へ動く。つまり分子たちは悪代官の暴挙に抗して、懸命に熱を吸い取って温度を下げようと努力する。逆もまた真なりで、温度を下げると今度は逆向き（発熱する方向）に反応がシフトする。熱を出して温度をなんとかキープしようとするわけだ。これは非常に一般的な原理で、温度のみならず、圧力についても成立する。反応容器をぎゅっと圧縮すると、平衡は分子数が減る方向（すなわち圧力を下げる方向）へとシフトするのである。

この法則は1884年に、フランスのアンリ・ル・シャトリエ（図5－8）によって発見された。彼はギブズの熱力学を仏訳した人物でもある。

図5−8　アンリ・ル・シャトリエ(1850−1936)

しかし、あらためて考えてみれば、これは実に不思議な現象である。温度を上げるとむしろ発熱する、そんなへそ曲がりな反応が、決してないとなぜ断言できるのだろうか。分子たちは意志や主義主張を持つのであろうか。彼らは全員、変化を嫌う保守陣営に属するのだろうか。

むろんそんなわけはない。なぜこんなことが起こるのか、どうして必ずそうなるのか、そうした疑問にギブズの熱力学が明瞭な説明を与えてくれる。件の現象は、早い話が〈熱力学的安定性〉の問題なのである。

気体でも溶液でもいいが、容器の中で分子たちが化学反応していて平衡にあるものとしよう。容器はある温度に保たれている。しかしよく見れば、容器のそことここで温度は微妙に違っているだろうし、時間的な変動もあるだろう。そうした「揺らぎ」は、現実の実験にはつきものだ。

さて、仮にこの反応がル・シャトリエ先生の言いつけに従わず、温度が上がると発熱側へシフトするという跳ねっ返りだったとする。何が起こるだろうか？

容器の中のどこかで温度が揺らいでちょっとだけ上昇すると、その場所で局所的に発熱が起こる。結果、その場所はもっと熱くなる。するとこれが悪循環となり、平衡はますますシフトし、温度はさらに上がってゆくことになる。最終的には容器内の温度はもはや一定ではなく、まだらのように不均一になってしまう。つまりこの場合、坂のてっぺんで危なっかしく止まっているボールのように、システムは温度揺らぎに対して不安定なのだ。

こうならないためには、温度の揺らぎに対して反応がバッファとして働き、変化を緩和せねばならない。つまり、われわれの目の前の反応容器が安定に平衡を保って見えるということは、とりもなおさず、その分子たちが保守的であることを示しているのだ。これが、〈ル・シャトリエの原理〉が成立する理由なのである。

この〈熱力学的安定性〉という性質は、平衡においてエントロピーが最大であるという要請から導かれるもので、ギブズ第三論文では最初に議論されている。ル・シャトリエの原理は、その簡単な応用問題のひとつなのだ。ル・シャトリエに限らない。新世代の実験家たちの多くが、自分が発見したはずの現象が何十年も前にギブズの論文で完璧に説明されているのを知って、驚愕するのだった。

宇宙を僕の手の中に

次に、熱力学で欠くことができぬ概念〈自由エネルギー〉の話に移ろう。それは熱力学の領域では、化学ポテンシャルと並んでギブズ最大の功績といえるものだ。ものすごく便利なので、ギブズ以降の熱力学において、実質的に〈エントロピー〉から主役の座を奪ったといってもいいくらいなのだ。

自由エネルギーには〈ヘルムホルツ自由エネルギー〉と〈ギブズ自由エネルギー〉の2種類がある。せっかちないまの時代には、省略して〈ヘルムホルツエネルギー〉、〈ギブズエネルギー〉と呼ぶことが多い。〈ヘルムホルツ――〉は理論家がよく使い、〈ギブズ――〉は実験家が好んで利用する。まず前者から説明しよう。

ヘルムホルツエネルギーをAとすると、その定義は式(11)である。「定義」と聞くとつい身構えたくなるが、拍子抜けだ。内部エネルギーUからエントロピーSを（温度Tを掛けて）引き算しただけのものなのである。熱力学の教科書ではこの手の式が延々と出てくるが、だいたいにおいて足し算、引き算、掛け算ぐらいしか使わないので「もしや俺はいま、大学じゃなくて小学校にいるんじゃなかろうか」との疑惑が心をよぎったりする。ところがこれが意外に難物であり、しかも、けっこう深いのである。それを説明するために、いま一度、すべての根幹である第二法則に立ち戻ってみよう。

$$A = U - TS \qquad (11)$$

こう想像してみてほしい。いま、あなたの目の前に反応容器が鎮座ましましている。中にあるのは気体でも溶液でも何でもよい。ヨーイドンで、中の仕切りが外されるか何かして、反応が開始されたとしよう。では、分子たちの反応はどっちの方向へ起こるだろうか？　それが人類の運命を左右するかもしれない。あるいはあなたの今月の給与を左右するかもしれない。スケールはぐっと縮むが深刻さは同じだ。まあどっちにしろ、それをあなたは知らねばならない。「クイズ・ミリオネア」の世界である（図5-9）。

だが、この絶体絶命の事態にもあなたの心は平静を保っている。なぜならあなたは第二法則を知っているからだ。この世のすべてを支配する法則。だから、容器の中で反応が起こる方向は、確実に予言できる。それはエントロピーが増大する方向にほかならないはずだ。

あなたは反応をじっくり観察する。容器の中を丹念に調べ上げ、エントロピーが増える方向を算定する。何度も検算する。よし！　あなたは自信満々で断言する。

「反応は右へ進む！」。ブー！　はずれ〜！　「ええええ？　何で⁉」。

どこで間違えたのだろう？　それは次のような理由からだ。

反応は熱の出入りを伴う。たとえば発熱反応なら、容器から出た熱は外の世界のエントロピーを増やす。だから、あなたは容器内部の物質のエントロピー変化だけではなく、容器の外で起こったエントロピー変化も勘定に入れなければならなかったのだ。自然はえこひいきしない。容器の内外も区別しない。分子は自分がどこにいるのか知らないし、気にもしないのだ。第二法則が求めるのは、内外を合わせた全体のエントロピー増大なのである。全体として増大するのであれば、容器の中のエントロピーが減っても一向にかまわないのだ。

図5-9　クイズ・ミリオネア
容器内部のエントロピーだけではなく、外のエントロピーも勘定に入れなければならない

あなたに2度目のチャンスが与えられる。あなたはしかし、うーんと頭を抱えてしまう。中はわかる。だが外のエントロピーなんて、どうやったら調べられるのだろう？　容器のガラス、それに接する実験台や空気、さらにそれに接するあなたの手や顔……。それらすべての分子たちに熱エネルギーは分配されてゆく。そんなものをいちいち計算できるわけがない。

あなたは追いつめられる。冷や汗が出る。だが、突如として閃く。

「そうか！　そんなことは関係ないんだ！」

その通り。容器の外がどうなっているか、そこに人が何人いようが、容器から何センチ離れていようが、そんなことはほとんどの場合どうでもいい。そういう条件が、容器内の反応に影響を与えたりはしないのだ。だから実験ノートにも「私と容器との距離」なんかは書かない。書かなければならない環境条件は、たいがい一つだけ――「温度」である。

してみると、実は容器の外で起こっているエントロピー変化は、「温度」というパラメータ一つだけで完全に指定できるということになる。外の世界は、単なる「熱浴」なのだ。それもそのはず、〈熱の流れ〉とエントロピーは、クラウジウスの式⑸で結ばれていることを思い出してほしい。つまり、容器から流れ出た反応熱がqであるならば、外の世界がゲットしたエントロピーは、温度という「換算レート」を使って、図５‐９の式①であるはずだ。

一方、容器の内部エネルギーは、流出した反応熱の分だけ減っているから図の式②となる（ただし簡単のため容器の体積は一定で仕事はないものとした)。したがって容器の内外を合わせた正味のエントロピー変化は図の式③となる(注:容器内の変化は不可逆なのでdS_{in}は式(5)では計算できない)。

つまり、こういうことだ。さんざんあなたを悩ませた「外の世界のエントロピー」は、反応熱(すなわち容器内の内部エネルギー変化)と温度からあっさり計算できる。だから、温度さえわかっていれば、容器の外の世界は一切気にしなくていいことになる。第二法則において重要な「内外全体のエントロピー変化」は、結局、あなたが見ている(容器内の)物質のエントロピー変化、プラス、その物質から失われたエネルギーが散逸した結果、外でゲットしたエントロピー、という二つの寄与として計算できるのだ。これは、温度が一定の場合には、ヘルムホルツエネルギーの変化(ただし符号は逆)に対応する。ヘルムホルツエネルギーのいいところは、これが、完全に**容器内の物質だけ**に関する知識であるということだ。あなたは容器の中だけを見張っていればよくなった。外は関係ない。

だから、あなたは胸を張ってこう答えればよい。

「反応は、宇宙のエントロピーが増大する方向、すなわち、容器内のヘルムホルツエネルギーが減少する方向へ進む!」

ピンポーン! 正解。あなたは宇宙を手の中に収めた。

この長い与太話で「自由エネルギー」なる概念の便利さはだいたいつかんでもらえたと思う。第二法則のエントロピーは、この世のすべての原動力であり、熱力学の中心である。それは間違いないのだが、現実問題、神ならぬ身のわれわれは宇宙を一望することが叶わぬから全体のエントロピーを把握することはできない。それでも自由エネルギーというデバイスを駆使すれば、目の前の反応を理解し予言することができるのだ。ヘルムホルツエネルギーとは、注目する物質とその外の世界との、双方の寄与を自動的にカウントしてくれるデバイスなのである。ただし温度一定のときには、という条件がつく。定温のときに限り、ヘルムホルツエネルギーは正しく反応の未来を予言することができるのだ。

温度一定という条件にびびる必要はない。この世界では、むしろそれが普通だからだ。物質に何かが起こるとしよう。発熱しようが吸熱しようが、ほっとけば熱は逃げて、物質は速やかに室温に戻る。むしろ熱を逃がさないようにするには、特別な工夫が必要だ。だから定温はこの世のデファクト・スタンダードと言ってよい。現実には多少熱がこもったりもするだろうが、そんなのはあとからちまちまと補正してやればよいのだ。

かくして主役は交代する。この世に生きるわれわれには、エントロピーより自由エネルギーのほうが便利で、ありがたい指標となる。いや、便利どころか、このデバイスによって人類はようやく宇宙——ではなく目の前の物質の未来を定量的に語れるようになったのだから、その恩恵たるや、はかりしれない。

理解を深めるために、あらためて定義の式⑾を凝視してみよう。

ヘルムホルツエネルギーAの最初の項は、内部エネルギーUである。これはさきほどの説明どおり、（符号は逆だが）逃げたエネルギーが外界でゲットするエントロピーに対応している。エントロピー増大という至上命令からいえば、物質は自分の持てるエネルギーをとことん絞り出して放出し、外界へ供物として捧げねばならない。だからエネルギーの低いほうへ向かう傾向があるように見えるのだ。前章で述べたように、この傾向が、日常生活においてわれわれに「低エネルギー状態のほうが安定」という錯覚をもたらす原因である。だが、あえて背後霊のエントロピーには目をつぶり、単純に「物質にはエネルギーを放出して落ちたがる傾向がある」と見なすことにしてしまえば、この第一項Uは、ちょうど丘の高さや谷の深さのごとき「ポテンシャル」とか「坂道」のイメージでとらえることができる。これは直観的で、ものすごく気分がよい。ボールが転がるほうへ反応も転がってゆくというわけだ。エントロピーと符号を逆にして、「増大則」を「減少則」に読み替えるのも、このへんの心理効果を狙っている。

ただし、このとらえ方では、第二項の$-TS$の意味はやや不明瞭になる。この項の意味は「物質自身のエントロピー変化」であり、本来、第一項との関連もストレートなのだが、「坂道」解釈ではエネルギー放出そのものを重力のごとき原動力ととらえてしまう関係上、ちょっと苦しくなり、「物質自身のエントロピー変化が、エネルギーの傾向にブレーキをかける」という解釈になる。つまり「エネルギー（第一項）とエントロピー（第二項）の綱引きが、反応の未来を決める」という二元論になるわけだ。

必ずしも悪くはないし誤りでもないのだが、これには多少の注意を要する。第二項の形について「なぜエントロピーには温度が掛かるんだろう？」などとしんみり悩んだりするからだ。これは結局、外界とのやりとりにおいては、温度がエントロピーとエネルギーの「換算レート」であることの帰結なのだが、それをフルに理解するためには、やはり面倒でも第二法則にまで遡る必要があるわけである。なお、ヘルムホルツエネルギーにはもう一つ、非常に重要な意味があるのだが、それについては次章で述べることにする。

内税表示で願います

さきほどの与太話では、実はさりげなく一つ、重大な「ズル」をしている。「容器の体積は一定」という仮定がそれだ。さらりと言い切っているが、気体の場合はともかく、液体・固体や溶液では、これはとんでもない無理難題なのである。

「え？　でもフラスコやビーカーは体積一定だよ。ピストンやシリンダーみたいなものは普通、実験では使わないし……」と言うなかれ。化学反応の前後では、溶液の体積は変化する(!)。水とアルコールを混ぜるだけでも、混ぜる前後で総体積は等しくならない。分子間の複雑な相互作用のために変わってしまうのである。

混合や反応では、それに伴って膨張や収縮が起こるので、容器(というか物質)の体積は変動する。だから物質の界面は、1気圧という外圧に抗して自動的に、バーチャルなピストンとして働く。これが気に入らないからと無理やり体積を一定に保とうとするのは、相当にきつい。膨張する場合、液体や固体の圧縮率は小さいので、押し込めるために無茶な圧力をかけなければならないし、収縮する場合に至ってはもう不可能に近い。早い話、「一定体積」なる条件は現実からほど遠く、通常の実験はことごとく「一定圧力」の条件下で行われるのである。

では、自由エネルギーという便利な概念を、もっと便利に「定温」に加えて「定圧」の条件下でも使えるようにするにはどうしたらよいか。これが、意外に簡単なのである。エネルギーに、ちょっとした補正項をつけ加えるだけでよいのだ。

こうして生まれたのが〈エンタルピー〉Hと、〈ギブズエネルギー〉Gである(図5-10)。「エンタルピー」の名づけ親は、低温物理学の巨人で超伝導の発見者、カメルリング・オネスとされる(1909年)。「内部の熱」を意味するギリシャ語に由来する命名である。ギブズは「定圧熱関数」と呼んでいた(ちなみにギブズは二つの自由エネルギーには名前をつけなかった)。

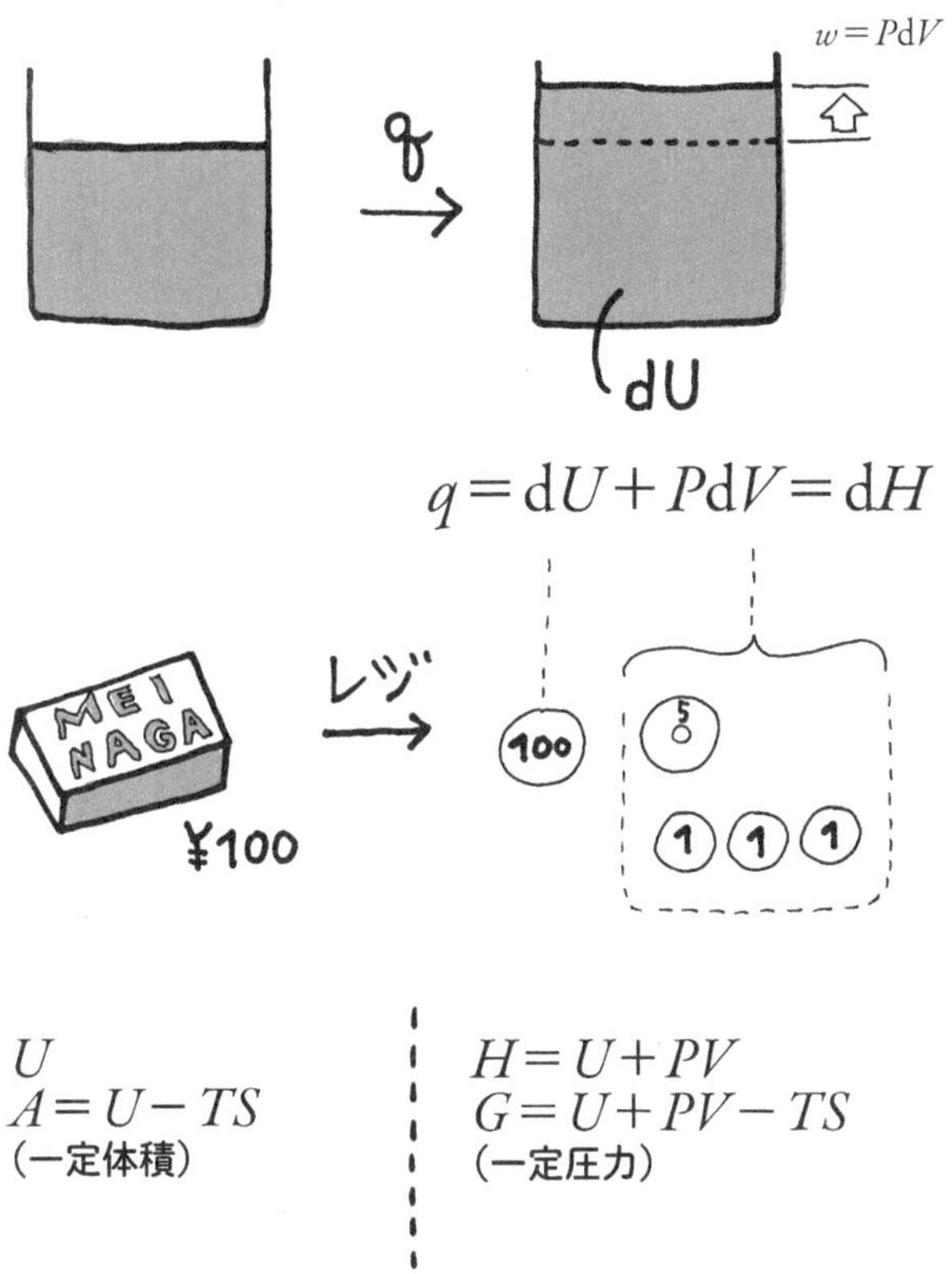

図5－10　エンタルピーとギブズエネルギー
定圧条件では、「消費税」のような補正項が必要になる

「H」という記号を最初に用いたのはクラウジウスのようだ。

図5-10で、HやGを求める式に出てくる補正項PVの意味は、簡単にいえば「消費税」のようなものだ。あなたがコンビニでチョコを買ったとしよう。チョコは100円だが、レジでは（現行の税率では）108円を払わねばならない。この場合「そのチョコいくら？」と聞かれたら、「価値としては100円なのだが税金も含めると108円を支払う必要があるね」と答えるのが正確なのだが、面倒くさいし、どのコンビニでも支払う金額に変わりはないから、あっさり「108円だよ」と答えたくなるだろう。

エンタルピーの発想もそれと同じだ。定圧条件下で物質にエネルギーを投与して、内部エネルギーをdUだけ増やしたとする。それに伴って膨張も起こるので、物質は必ずPdVなる仕事を外界に対してすることになる。物質の内部に蓄えられるエネルギーはあくまでもdUなのだが、エネルギー収支から言って、外から与えられるべきエネルギーは、いつも仕事の分だけ上乗せされて$dH=dU+PdV$ということになる。つまり、エンタルピーというのは、定圧条件下におけるエネルギーのようなものであって、消費税が乗っかった「内税表示」というわけである。通常、われわれが反応熱や融解・蒸発熱と呼ぶものは、この「内税表示」のエネルギー収支を意味している。

では一方の、ギブズエネルギーGとは何か。これはヘルムホルツエネルギーAの第一項、内部エネルギーUのかわりにエンタルピーHを入れただけのもので、定圧条件下における自由エネルギーを意味する。そのしくみや意味はヘルムホルツエネルギーとほとんどパラレルだが、定温・定圧という条件が実験家のデファクト・スタンダードにぴたり合致するので、めちゃめちゃ便利なのである。そのためギブズ以降の熱力学では、Gがほとんど主役を演じることになった。

ギブズエネルギーGは定温・定圧条件下の自由エネルギーだから、反応の未来はGが決める。これはエンタルピーHとは異なるから、化学反応の進みやすさ（反応性）と反応熱は必ずしも一致しないことがわかる。実際、反応速度が十分に速い場合でも、発熱反応が必ず進行するとはかぎらず、吸熱なのにがんがん進む反応もある。ところが、この真理にたどりつくまでには、人類はかなりの紆余曲折を必要とした。

熱を反応の原動力と見る考えは古く、アイザック・ニュートンなども発熱が大きいほど化学結合の親和力は強いと考えていた。1847年には若きヘルムホルツも、化学反応の原動力は発熱だと信じていた。吸熱反応の存在が確かめられ、ヘルムホルツが正しく自由エネルギーの考察に至ったのは実に35年後の1882年——ギブズ「熱力学」の完成の4年後であった。

「平衡定数」を求めるには？

ギブズのぶっとび脳が生んだもう一つの傑作が〈化学ポテンシャル〉である。このデバイスによって、化学反応の平衡を定量的に理解し、予測することがきわめて容易になったのである。エントロピーが化学反応をも支配するのだ、という認識自体はドイツのホルストマンが先鞭をつけていたが、ギブズのこの発想がいかにぶっとびだったかを理解するためには、そもそも化学反応と平衡をどう見るか、という根本的視点を、いま一度振り返ることが必要になる。

「質量作用の法則」というのをご存じだろうか。これは要するに、化学反応の平衡においては「平衡定数」Kが存在するということである（図5－11）。関与する各分子の濃度（[]で表す）の比Kは常に一定である、という法則だ。もともとは、経験則である。反応容器にAをさらに加えてやると、平衡は右にシフトしてAとBはやや減り、Cがやや増えるが、その変化が絶妙なので、新しい平衡状態でもKの値はそのまま保たれる。

なぜこのことが、法則として成り立つのであろうか？　いや、それ以前に、そもそもどうしてこの反応は、最後まで進まずに「平衡」になるのであろうか。もし分子Aと分子Bが、自然の本能が赴くままに反応したくて反応するのなら、遠慮せずにがんがん反応して、全部Cになっちまえばいいのではないか？　なぜ100％反応しきらず、女々しくもAやBをちびっと残したりするのか。反応した分子と、未反応のまま残る分子とでは、「男気」が異なるのであろうか。

こうした初歩的だが根源的な問いに対して、通常なされる回答は、たぶんこうだろう。反応してCと化す分子と、未反応のままAやBとして残る分子との間に違いはない。平衡は動

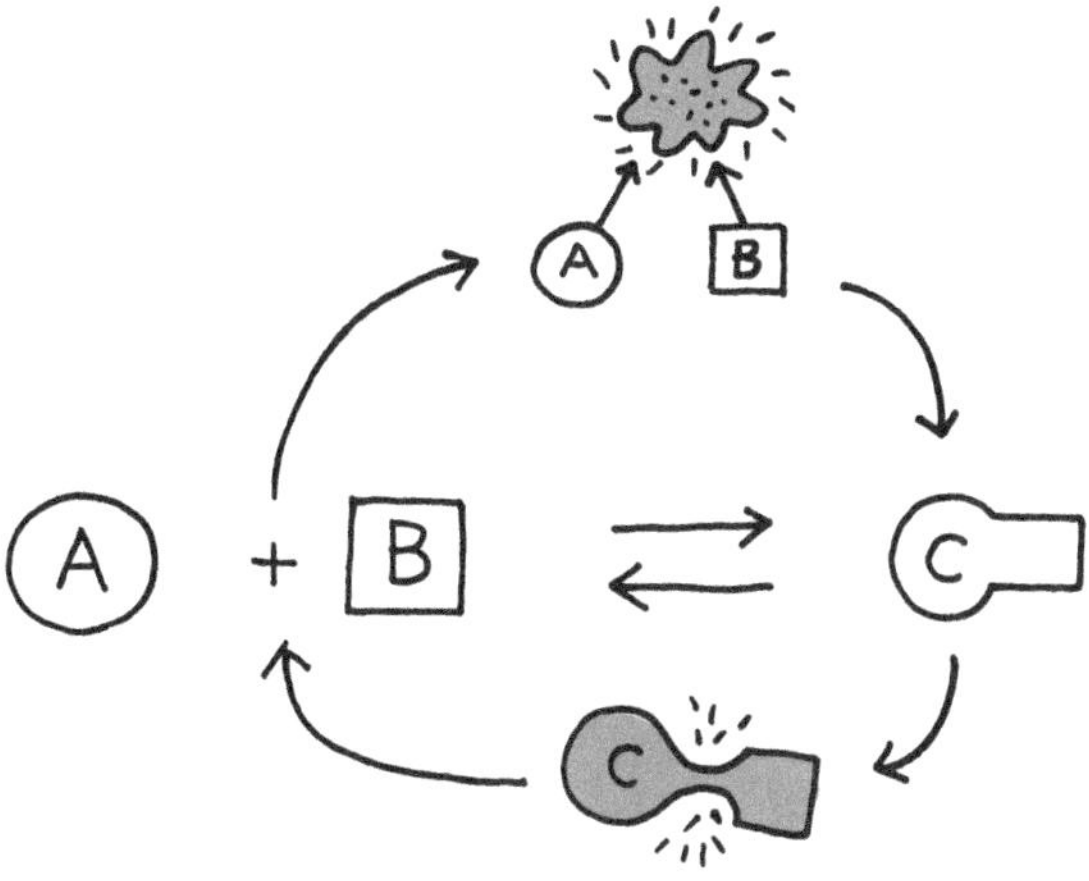

$$K=\frac{[\mathrm{C}]}{[\mathrm{A}][\mathrm{B}]}$$

図5－11　質量作用の法則
化学反応の平衡は、反応速度のバランスで決まる

的なので、分子はいつも入れ替わっている。分子たちはいつでも互いに激しく衝突しあっていて、ＡがＢとうまい具合に出会って激突すると、ある確率で反応してＣになる（正反応）。逆にＣもやはり、ある確率で分解してＡとＢに戻る（逆反応）。この二つの反応速度がちょうど釣り合ったとき、見かけ上の反応は止まったように見える。これが平衡なのだ。反応速度は各分子の濃度に比例するので、それをうまく釣り合いの勘定に入れると、平衡定数の式になる、というわけである。

　この説明は基本的に正しいし、

分子が衝突しまくる感じがビジュアルかつスペクタキュラーなので、受けもよい。すっかりわかった気になる。だが、問題なのはこのあとだ。この直観的な説明から一歩進めて、では平衡定数はいくつですか？　と定量化に踏み込もうとすると、途端に問題はぐっと難しくなる。実際に実験を行って各分子の濃度変化を追跡し、平衡定数を決定するしかない。

化学者にとっても化学工業にとっても、重要である平衡定数の実際の値が重要であることは言うまでもない。実験をせずに、理論的に平衡定数を算出する道はないのだろうか。

反応速度の釣り合いを見ればよいのなら、分子Aと分子Bの衝突・反応の過程や頻度を、なんとか理論的に解析できないものだろうか（実際、ボルツマンは果敢にもこの方式でアプローチしている）。だが、これが容易ではないことは試みるまでもなく明らかだ。分子はだいたいヘンテコな形をしていて、正面衝突する場合と斜め上からぶつかる場合で反応確率は変わってくるのだ。どんなスピードでジャストミートすればいいのか、衝突の瞬間くるくる回転しているのと、ぐさっといくのと、端っこをかすめるのではどれがいいのか。反応の瞬間に、化学結合はどんなふうに切れて、またつながるのか。もし溶液中の反応であれば、これらに加えて溶媒分子どもが間に割り込んでくる。このように話がものすごく複雑になってくるので、今日のスーパー・コンピュータでも理論計算は相当に厳しいのだ。

では、理論はあきらめるしかないのか？　平衡定数の値が必要になったら、その度ごと、その反応ごとに装置を組み立てて、実験するしかないのだろうか。ところがここでギブズおじさんが言う。その必要はない。熱力学のデータが十分あれば、平衡定数は簡単に計算できますよ。

それができるのなら、こんなに素敵なことはない――というか、革命だ。だがギブズの時代というのは、分子の存在すら曖昧だったビリー・ザ・キッドの時代である。どうやったら、そんな手品が可能なのだろう？

前ふりが長くなったが、まさにこの一点、この手品において、ギブズ流哲学が爆裂する。あやふやな前提や仮説をことごとく器用に避けつつ、超絶的技巧で曲芸飛行を完遂するのだ。

分子は「空き」がお好き

ギブズが採った戦略は、次のとおりである（図5－12(a)）。

(1)第二法則より「平衡」とは、エントロピーが増大し切って最大になった状態にほかならない。ミッションは、その場所、その頂上（平衡定数）を探し出すことだ。

(2)頂上へ行きつくためには、分子たちが実際に登っていく道や、反応容器の中で実際に起こっている現象を、ありのまま追いかける必要はない。分子の衝突を直接解析する必要はないのだ。なぜなら熱力学の関数は「状態関数」だからだ。エントロピーやギブズエネルギーは「状態」さえ指定すれば、ぴたりと決まる。だから、そこへ至る道筋はこっちの都合で好きなように選べばい

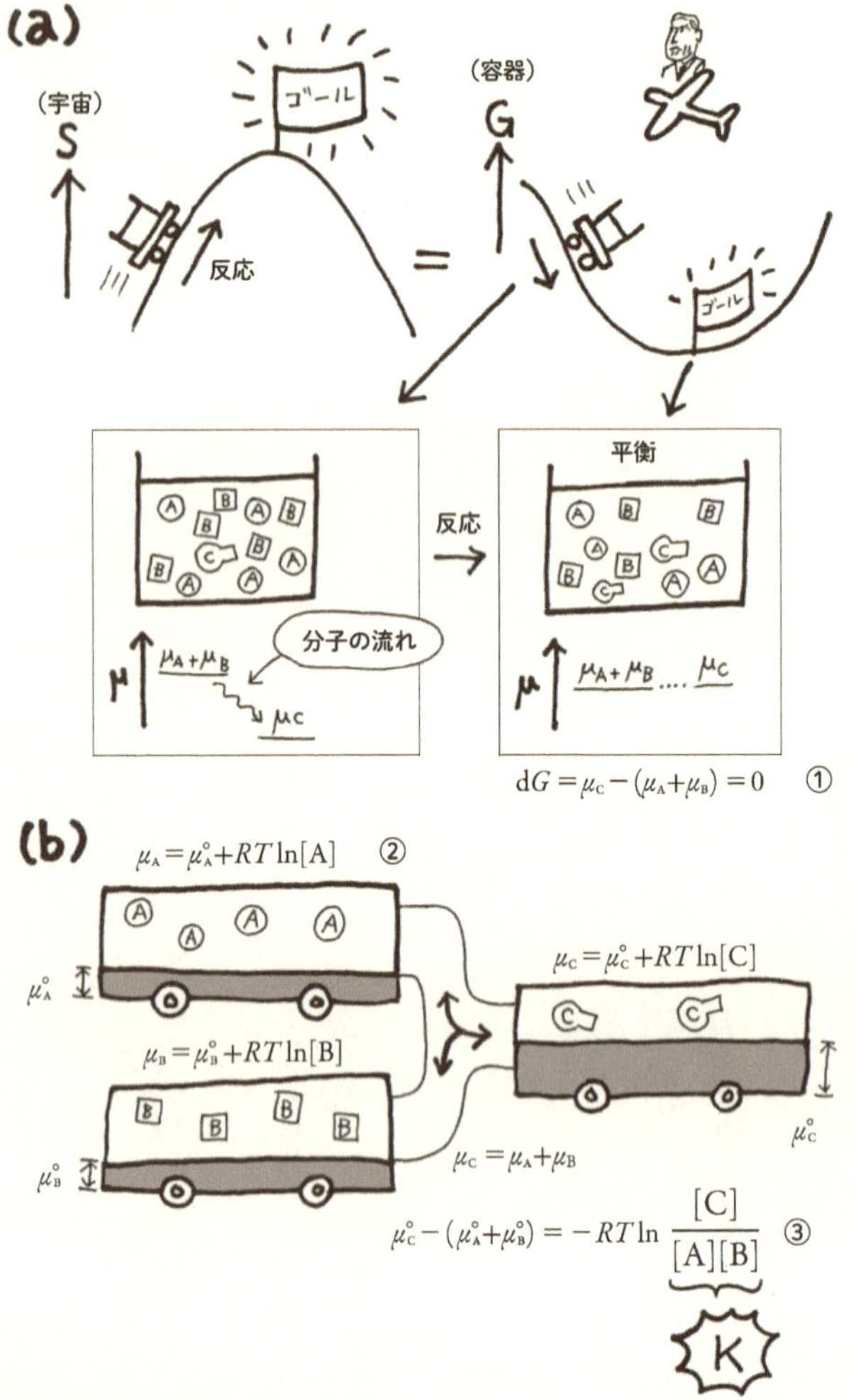

図5－12　ギブズ流化学マジック
混んでいる車両から空いている車両へ分子が流れ、同じ混み具合に達したとき平衡になる

い。理論的に正しいのであれば、現実にはありえない道を勝手にこしらえて、地図にくっつけることさえ許される。

このアイデアを起点として、ギブズは飛翔する。前に述べたとおり、定温・定圧という実験条件下では、「エントロピー最大」という要請は自動的に「ギブズエネルギー最小」という要請へと翻訳される。だから、なすべきことは、ギブズエネルギーが反応とともにどう変わるか、そして、それが落ちてゆく先を追跡することだ。

それでは反応が起こるとき、その前後で容器の中のギブズエネルギーGはどれだけ変化するのだろうか。容器の内部を凝視しつつ分子AとBが衝突してCになるプロセスを目で丹念に追いかけ、Gの変化量を直接調べる――そんなのはどだい無理な話だ。ギブズはこの線をあっさり捨てて、驚天動地の代案を出す。

「AとBを一個ずつ消して、Cを一個足せばいい」(!)

同時代の、さらに後世の科学者たちもが、異口同音に叫んだ。

「その発想はなかった！」

この代案はむろん実験では実現不可能だが、理論上は何の問題もない。関数Gにとって分子の数は温度や圧力と同じく単なるパラメータだから、減らすも増やすもお好み次第なのだ。反応の前と後の変化量だけが知りたいのだから、AとBを空中でえいっと消して手元からCを取り出せば、この手品がやったことは、実際の反応と結果においてて違いはない。

この手品がギブズの大発明、〈化学ポテンシャル〉である（彼自身は単に「ポテンシャル」と呼んでいた）。その定義は式⑿である。

すなわち、容器の中で分子AならAを1個（もしくは1モル）増やしたとき、Gがどれだけ増えるかという割合（「傾き」）がμ_Aに相当する。その意味は、早い話が**「混み具合」**である。

自然界はギブズエネルギーGを下げようと努力するわけだから、分子が増えてGが増せばウンザリする。逆に分子が減ってGが下がればほっとする。だから分子をどんどん減らしたいのだが、机上の関数ではなく現実問題としては、ある場所から分子を減らすということは、その分子を別の場所へ移動させる（つまり別の場所の分子を増やしてそこのGを上げる）か、もしくは、その分子を化学反応させて違う分子に変換する（つまり違う分子を増やしてその分Gを上げる）ことにならざるを得ない。

こういうプロセスでは、いずれにせよ、一方的にGが減るわけではなく、混み具合の損得勘定というか、釣り合いの問題になる。電車で混んでいる車両から空いてる車両へ人が移動して、同じ混み具合に達し、平衡になるようなものだ（図5－12(b)）。

これがまさに、化学平衡の本質であり、混み具合を体現する化学ポテンシャルの釣り合いが、平衡条件を決める。化学ポテンシャルの高いほうから低いほうへと「分子が流れる」のである（だからこの名がある）。その結果、もともと混んでいたところは空いてくるし、逆に空いていたところは混んでくるので、化学ポテンシャルの差が縮まる。最終的には等しくなって分子の流れが止まり、平衡に達する。〈熱の流れ〉に対する〈温度〉の役割を、〈分子の流れ〉に対して〈化学ポテンシャル〉が担う、というわけである。

$$\mu_A = \frac{\partial G}{\partial n_A}（定温・定圧） \qquad (12)$$

この場合、分子AとBを消してCを足す「手品」の前後間でのギブズエネルギーGの変化量dGは、各分子の寄与を合わせただけなので、図5-12(a)の式①のように簡単な引き算になる。さらに平衡においてはGが落ち切って最小になっているから、この傾きはトータルでゼロ、釣り合っていなければならない。つまり、平衡の谷底においては、反応がどっち向きにちょいと進もうが、Gはもはや変化しないということだ。

こうして化学反応の平衡条件は、化学ポテンシャルの釣り合いの問題に帰着する。あとはこれを、われわれの眼に映る濃度の釣り合い（つまり平衡定数）へと翻訳するだけだ。そのためには、化学ポテンシャルが濃度とともにどう変わるかという知識が必要になる。それが図5-12(b)の式②だ。この式は、一般には、「状態数が体積に比例する」（↓156ページ）という古典的極限の結果から導かれるもので、「濃度が高いと混み具合は飽和してくる」という傾向も反映している。

第一項は「標準状態」という熱力学特有の概念に関係する。簡単にいえば分子の個性を反映する「ゲタ」である。各種の分子は、特有の回転・振動モードやら電子状態やらを持っているので、その結果として、同じ濃度であっても熱力学的な混み具合は変わる。たとえば水素1mol/Lの混み具合と、アンモニア1mol/Lの混み具合は等しくない。だが、第二項で表される濃度依存性の部分は共通なので、その分子に固有のゲタ（もしくはハンディキャップ）を履かせることにより、それを表現しているわけである。分子BとCについても同様の式が成り立つので、それらを図5－12(a)の式①に代入して、式③を得る。

おお。**ついに出ました、平衡定数！**

左辺は定数なので、定温ならば右辺のKも定数である。しかも左辺は、反応に関わる分子たち各々の熱力学データである。よって、平衡定数Kを知るには、その反応を直接計測する必要はない。反応・生成物質のデータさえ揃っていれば、それらの値を用いて平衡定数Kが計算できてしまうのである！　革命はここに成就した。

「分子の流れ」から見たエントロピー

この式③が示しているのは、結局こういうことだ。

第二法則の大いなる力によって、分子たちは、エントロピー最大（ギブズエネルギー最小）の状態、つまり混み具合にむらのない、均一に散らばった状態へと遷移してゆく。自身の混み具合を調整すべく、混んでいる状態から空いている状態へと、ひたすらに流れてゆく。その流れが、われわれの眼には「化学反応の進行」と映る。その結果、ゲタを含めた分子の混み具合がパーフェクトに調整された状態が、化学平衡なのである。ゲタの高い分子は「混み混み」というハンディキャップを解消すべく、より低濃度になろうとする。逆にゲタの低い分子は、高濃度でも余裕で「すいている」と感じる。したがって、混み具合の釣り合いを示す平衡定数は、各分子のゲタ（熱力学データ）から計算できることになる。

こうした描像は、最初に紹介した分子衝突のイメージとはかけ離れて見えるが、厳密に正しい視点のひとつなのだ。ギブズはこの視点の翼に乗って、曲がりくねった山道をひいこらと登る分子たちを眼下に見晴るかしつつ、軽々とエントロピーの頂点に舞い降りたのである。

化学ポテンシャルは、分子が〈流れる〉場面であれば、どこでも使える。だから氷の融解や水の沸騰といった、相転移の平衡でも活躍する。それどころか、〈電子が流れる〉場面にも使えるから、電気分解や電池のような電極反応、金属や半導体の電子論でも必須の概念となる。

ここでぜひ一言つけ加えておきたいのは、物理化学者たちを狂喜乱舞させたギブズの熱力学とその遠大な射程は、その半世紀前、エントロピーの〈影〉を初めてとらえた例の若者の視線と、感動的なまでにシンクロしているということだ。

サディ・カルノーの遺稿である「覚書」――これは1824年に書かれた「考察」とほぼ同時期のものと見られるが、その中で彼はこう自問しているのだ。

「固体あるいは液体から気体への移行を、どのように説明するか?」

つまり、サディの意識は、すでに熱エンジンを超え、未来の物理化学へ向かって羽ばたこうとしていた。新大陸の〈ウィリーおじさん〉は、この遠い声に、見事に答えたのである。

第6章

ミクロからマクロへ——「統計力学」の誕生

熱力学の法則は、
統計力学の原理から容易に導かれる。
それは統計力学の不完全な表現にすぎないのである。

原子論論争とギブズ

ところで、原子論論争の渦中にいたボルツマンは、同時代人ギブズをどうとらえていたのだろうか。ここで重要なのが、ギブズもマクスウェルと同様に「エントロピー増大は、本質的に統計的なもののように思われる」と書いている点である。

ボルツマンはこれがいたく気に入ったらしく、自著の章冒頭でこの一文を掲げたほどである。オストヴァルトやプランクとの論争において、さぞかし心強い味方を得た思いだったのだろう。ところがボルツマンがむっとしたことには、オストヴァルトは逆に、ギブズが自分たちの陣営にいると思い込んでいた。実際にはギブズは第三論文で、原子や分子という言葉を頻繁に用いているから、このオストヴァルトの見解は奇異に映るのだが、ボルツマン流の運動論を使っていないというところを重視したらしい。たしかにギブズは原子の存在をあれこれ仮定することなしに、熱力学を構築することに成功していた。前章で述べた「分子」やその流れのイメージは、第4章での「モグラ」や「竜」のごとき、ミクロな分子のイメージとは本質的に異なることに注意しよう。熱力学でいう「状態」とは、われわれの眼に見えるマクロな「相」のことであって、それを構成しているミクロな状態については不問なのである。

不安材料を極力排し、万人が納得する前提のみ選び抜いて、そこからすべてを演繹する、という独特のアプローチ。だからこそ、ギブズの強固な理論は、幾多の荒波に揉まれてもそのまま生き残ることができたのだが、ボルツマンにとっては、それが裏目に出た。ギブズは確信が持てないことについて、声高に主張するようなことはしない。彼は沈黙した。ボルツマンからの学会招待も断った（「動かない男」としては普通のことだったけれども）。ボルツマンは折に触れ、「ギブズは書かないだけで、実際は原子のことを考えているに違いない」と主張しつづけるが、本当に味方なのかどうか、よくわからなくなった。

もちろん原子論を前提にしなかったからといって、それが即、反原子論派であることにはならない。少なくとも晩年においては、ギブズも原子の存在を当然のように考えていたことが友人の証言でわかっている。だが、ボルツマンが米国へ旅行したときにも、結局、二人が会うことはなかった。

ボルツマンの宿題

ギブズはその第一の偉業で、熱力学の隠されたパワーをフルに引き出してみせた。およそ考えうる、あらゆる種類の現象へと拡張し、理論を整備して「あとはよろしく」とばかり、その先を次世代の科学者たちに委ねた。彼らは頭をかきかき、ギブズの論文を引っ張り出しては、新しい実験を工夫し、見つけた現象を説明していった。熱力学の関係式は厳密・正確で、頼りになる。

一見どうみても無関係な二つの実験データを見事に結びつけてくれる、最高の宝箱だった。

だが一方で、根源的な問いは相変わらず残った。エントロピーやギブズエネルギーが大事なのはわかった。その値があれば、さまざまな平衡は見事に計算できる。だが、肝心のその値、熱力学データを知るのにはやはり実験が必要だ。それをミクロな力学から計算することができなければ、物理学の理論としては片手落ちではないか。

たしかに理想気体に関しては、ボルツマンの先駆的なアプローチによってエントロピーの算出は可能になっていた。「統計力学」のはじまりである。しかしそれを一般化し、任意の物質に適用することはいまだに容易ではなかった。道の先は、闇に消えている。ボルツマンの「くじ引き」理論が指し示しているはずの〈エントロピー〉の矢は、どこに隠れてしまったのか?

ギブズの第二の偉業が果たしたのは、まさにこの闇の先を照らし出すことだった。これまでさんざん熱力学の偉業を熱く語ってきたのに、まだあるのか? と驚くかもしれないが、あるのだ。それは1902年にエール・カレッジ創立200周年に合わせて出版された『統計力学の初等的原理』という著書である。その序文で、ギブズは力強く宣言する。

「熱力学の法則は、統計力学の原理から容易に導かれる。それは統計力学の不完全な表現にすぎないのである」

現在に至るまで、ギブズの統計力学における結論に誤りは見つかっていない。その後の量子論と科学技術の大波にもまれても、彼の神殿はびくともしなかった。それらをも、無限の包容力で抱き入れたともいえるその理論は、まさに科学史上の金字塔となった。1884年の論文（位相空間の基本式導出）を皮切りに18年をかけて、ギブズはマクスウェルとボルツマンが到達した〈エントロピー＝確率〉というアイディアと、ニュートンとハミルトンの力学を見事に融合させて「統計力学」を確立し、そこから熱力学のすべてを導き出したのである。

この著書の中でもギブズは「分子」という言葉を繰り返し使っている。また、ミクロな運動論からマクロな熱力学を導き出すという戦略そのものから考えても、彼は明らかにボルツマン流の原子論の立場に立っている。しかもボルツマンの論文を「統計力学の出発点」として挙げている。これはいわば、ボルツマンの出した宿題に対する、30年越しのギブズなりの解答――粗削りのボルツマンを精密化した〈力学の捧げもの〉なのだ（ただし、原子と分子についての曖昧な詳細はことごとく排除しているところがいかにもギブズらしい）。

だが不思議なことに、ボルツマンの名はアドレス帳にあるものの、なぜか結局、ギブズは彼に『統計力学』を送らなかったようだ。やはりその名がリストにあるオストヴァルトにも送っていないから、よけいな喧嘩に巻き込まれたくなかったのかもしれない。

この著書で、ギブズは「アンサンブル（集合）」という統計力学に独特の概念を確立する。これはもともとマクスウェルがその死の前年に発案したもので、今日でも力学系に統計を導入する

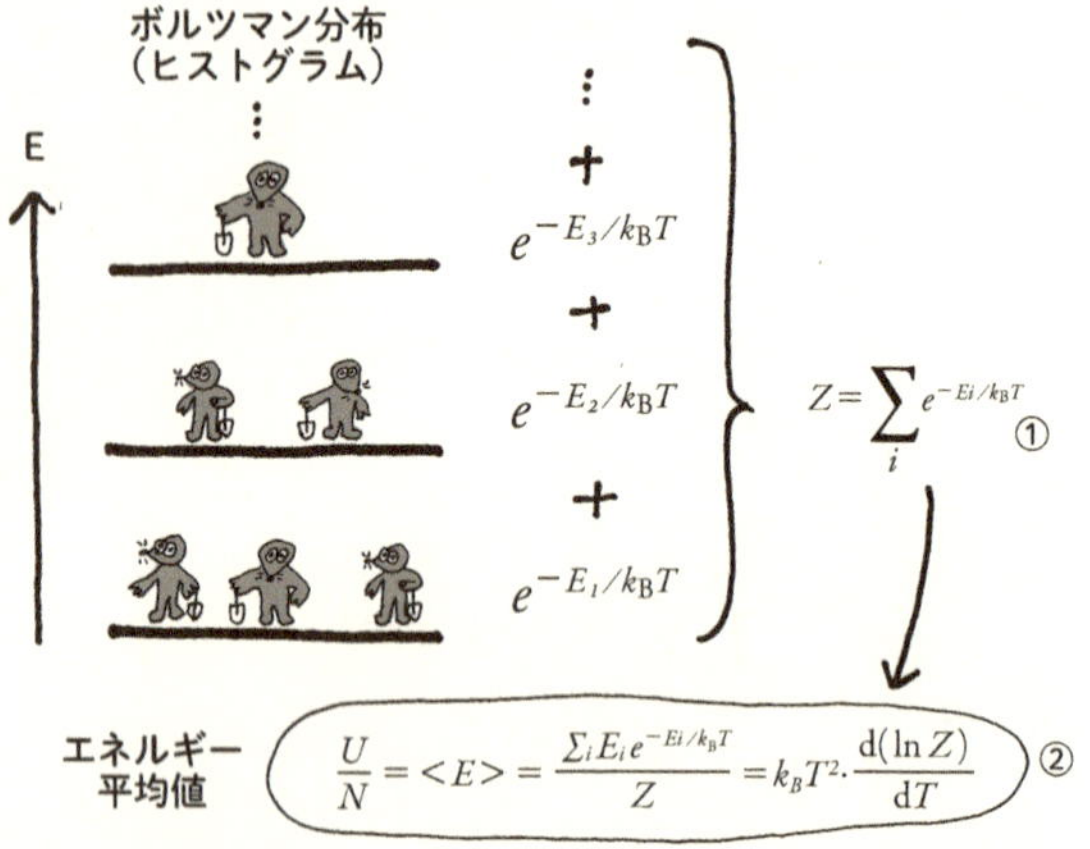

図6-1 「打ち出の小づち」分配関数
ミクロな分子の構造から、マクロな分子集団のエネルギーが計算できる

ためのスタンダードな道具立てになっている。対象とする物理系の時間平均をとるかわりに、物理系のコピーを多数想像する（本書でのサイコロ群に相当する）。各々にランダムな状態を割り振って、物理量の平均をとるという作戦である。ギブズは3種類のアンサンブルを考案した。

だがこの章では、ギブズのもう一つの重要な業績である「分配関数」に焦点を絞って解説しよう。これがまた、呆れるほどのアクロバットなのだ。

分配関数は「打ち出の小づち」

分配関数という概念を説明するために、例の〈ボルツマン分布〉（またの名をカノニカル・アンサンブル）に、再度ご登場願おう（ギブズの古典力学版よりちょっとだけわかりやすい量子力学版で説明する）。

さて、目の前には、本書ですっかりお馴染みになった分子連中がたむろしている。（ミクロな量子論の世界だから）飛び飛びのエネルギー・レベルが空間を支配していて、連中はいつものようにモグラ叩きのモグラふうにはしご段を飛び回っている。

分子たちはどんなエネルギー分布をとっているか、といえば、もちろんそれは例の「ひな壇」、ボルツマン（＝カノニカル）分布である（図6－1）。エネルギーE_iのところにあるはしご段（下からi番目）にモグラがいる（相対）確率は式（10′）である。

$$f(E_i) = e^{-E_i/k_B T} \qquad (10')$$

一匹のモグラがポコポコ上下するのをずっと観察すれば、そいつは１００回のうち50回は一番下の段にいるだろうし、25回はその上の段、10回はそのまた上の段にいる、という具合だ。これと同じことだが１００匹のモグラをいっぺんに見れば、いつでもそのうち50匹は最下段、25匹はその上の段、……という分布をしているだろう。これがミクロな分子たちの熱平衡生活である。

さて、この状況で、あなたに突きつけられた課題は次のとおりだ。

目の前の反応容器には、こういう分子たちが大量に入っている。どのぐらい大量かというと、だいたいマクロなスケールというのは「モル」オーダーだから、$N \sim 10^{23}$個のレベルである。めちゃ多くてうんざりするが、めげずに進もう。こいつらが熱運動しまくっている状態を眺めつつ、彼らが行うであろう化学反応のゆくえや、平衡時の組成なんかが知りたい。**ただし実験せずに。**

ギブズの熱力学のおかげで、熱力学データ、とくにギブズエネルギーGさえわかれば、あとは反応の方向や平衡定数がすらすら出てくることを、あなたはもう知っている。ではGを知るにはどうしたらよいか。思い返せばGは前章の図5－10にあるように、ほかの熱力学関数によって（小学生的に）定義されているだけのものだ。このうちPVは簡単だから、あとはたとえば内部エネルギーUとエントロピーSのペア、もしくはヘルムホルツエネルギーAがわかれば出てくるだろう（実はPの理論的算出は自明ではないが、公式があるのでいまは気にしないことにする）。

こういった関数たちは、分子どもが多数徒党を組んだマクロ軍団に対して定義されている。内部エネルギーUは、容器内の分子たちが持っているエネルギーのかけらの総和だし、エントロピーSは連中に許された「量子状態」の総カウント数（の対数）だ。だから、もとをただせばそれらの値は、各分子のミクロなエネルギー・レベル構造、すなわち「はしご段がどんな間隔で並んでいるか」という情報によって、完全に決定されるはずだ。

うれしいことに、このはしご段の構造は、いまや量子力学のおかげで簡単に計算できる。基本的には、分子のいくつかの運動モードに合わせてシュレーディンガー方程式を立て、それをびしばし解けば出てくる。気体分子の場合、運動モードには通常4種類あって、うち1種類は第4章で出てきた「並進」（びゅんびゅん空間を飛び回るやつ）、残りの3種類は分子内部の自由度に相当し、「回転」（ぐるんぐるん回るやつ）、「振動」（ぶいぶい伸び縮みするやつ）、そして「電子」（電子の雲がぱっくり割れたりするやつ）と呼ばれる。分子はこういった運動をすべて同時多発的にやっているので、はしごはこの4種類が入れ子になってけっこう複雑なのだが、ここで大事なのは、とにかくそれがきちんと計算できるということだ。いまどきのパソコンでは、たとえば「窒素1個に水素3個をくっつけまーす」と指示するだけで、生成されるアンモニア分子のモード（はしご段）が全部、高精度で計算できるまでになっている（液体・固体や溶液の場合はいまだにかなり厄介だが、まあ現代の物理化学者はいろいろ知恵を絞って頑張っている）。

だから、問題の半分はもう解けているようなものなのだ。再度、容器の中をのぞき込むと、分子たちは完璧にわかっているはしご段の間を、完璧にわかっているボルツマン分布に従ってポコポコやっている。なんとなく、できる気がしてきただろう。では、お待ちかね、〈分配関数〉をご紹介しよう。それは図6－1の式①のようなかっこうをしている。

鳴り物入りで登場、といきたいところだが、一見どうということもない。ボルツマン分布、すなわち「重み」の指数関数（式(10′)）を、ただひたすら足し合わせただけのものだ。重みの分布の様子、すなわち「可能性の分配」のされ方を関数として示しているので、この名で呼ばれるようになった（例によってギブズは名前をつけず、プランクは「状態和」と呼んだ）。だが、ほかでもないこのZこそが〈王国の鍵〉であり、ウィリーおじさんの「最終兵器」なのである。

まず手始めに、ちょっと微分の公式を使えば図6－1の式②が得られる。つまり、分配関数の温度依存性からエネルギーUが計算できるということだ。

これはなかなか幸先がよい。少なくとも気体分子については、はしご段が完全にわかっているので分配関数も計算できる。そうして求めたZは（ボルツマン因子を通して）温度Tの関数になっているから、温度で微分すればUが出る。

結局、ミクロな分子の構造だけから出発して、容器内にうごめくマクロな分子軍団のエネルギーがわかったことになる。10^{23}個という「暗くて深い川」を飛び越えることができたのだ。

【発展】 マクスウェル、ボルツマン、ギブズらを等しく当惑させた世紀の大問題――「失われた自由度」の問題に関して、量子統計力学は明快な解答を与える。比熱のデータから、どうみても摩訶不思議な力で封印されているとしか思えなかった「振動」と「電子」の運動モードは、事実そのとおり、ほぼ凍結されていたのである。通常の温度では、この二つのモードのはしご段は、段差が高すぎてモグラが這い上がれないのだ。だから、その寄与は比熱に現れない。後述するが、晩年のギブズが悩んだ「古典力学にぽっかり口を開けた深淵」は、彼自身の理論に量子のスパイスをまぶしただけで、見事に解決できたわけである。

分配関数Zの威力はこれにとどまらない。実はZがわかれば、内部エネルギーUだけでなく、エントロピーSやヘルムホルツエネルギーA、果ては熱力学において必要とされる事実上すべての関数を求めることができてしまうのだ。まさに「打ち出の小づち」！

だが、どうやって？

自由エネルギーへ還る

では、真剣に腰をすえて、エントロピーSを求めてみることにしよう。

はしご段とボルツマン分布がわかっているから、量子状態は全部で何通りあるか、と数え上げるのも何とかできそうな気がする。ところがいざやってみると、これがどうにも骨なのだ。第4章での〈組み合わせ爆発〉の逸話からもお察しの通り、分子10^{23}個というだけでも嫌なのに、そいつらが演じる順列・組み合わせときたら、もう考えただけで食欲が失せる。しかもモグラさんたちには、ご丁寧にも指数関数の「重み」つき。全部で何通り？　組み合わせが爆発する前に、あなたの頭が爆発するのは必至だ。

だが、ここでまたしてもギブズおじさんが言うのである。計算できるよ、しかも簡単に（！）。

この仰天結論に至るまでの道はいろいろあるが、ここではちょっと変わった方法でアタックしてみよう。

モグラ軍団を相手にして分配関数を語るとき、通常、われわれが考えるのは、1個のモグラに対する分配関数である。つまりはしご段を縦にず〜っと見ていき、そのボルツマン因子を足していく。これは図6－1のとおり、1個のモグラのボルツマン分布を表すと同時に、10^{23}個のモグラの統計分布（ヒストグラム）にもなっている。

ところで、実は見方を変えて、すべてのモグラたちを十把一からげに考えることも可能だ。容器内の$N=10^{23}$個のモグラを全部ひっくるめて、ひとつの「系（システム）」と見なしてしまうのである（図6－2）。量子力学は（古典力学もだが）分子だろうが宇宙だろうが別に区別しないので、とくに問題はない。多粒子系であるが立派な物理システムなので、同じようにエネルギー・レベル（はしご段＝E_{N_i}）を持っている。だからこの「系」も、容器内のN匹のモグラが複合した「巨大モグラ」あるいはビーカーとして、この段々に、えっちらおっちらとボルツマン分布しているはずだ。したがって、このビーカーに対しても分配関数Z_nがあるわけだ（この場合の「熱浴」は、容器の外の世界になる）。

ここまではよい。だが、こう考えてきてあなたは、はたと困惑する。もしこのZ_nが示すボルツマン分布が正しいのなら、ビーカーのエネルギー、すなわち容器全体の内部エネルギーUは、測るたびにポコポコ変わるはずではないか？　測定100回のうち50回がE_{N1}、25回がE_{N2}、……という具合に——。それに、そもそもボルツマン分布の形（ひな壇）から考えて、エネルギーの低い

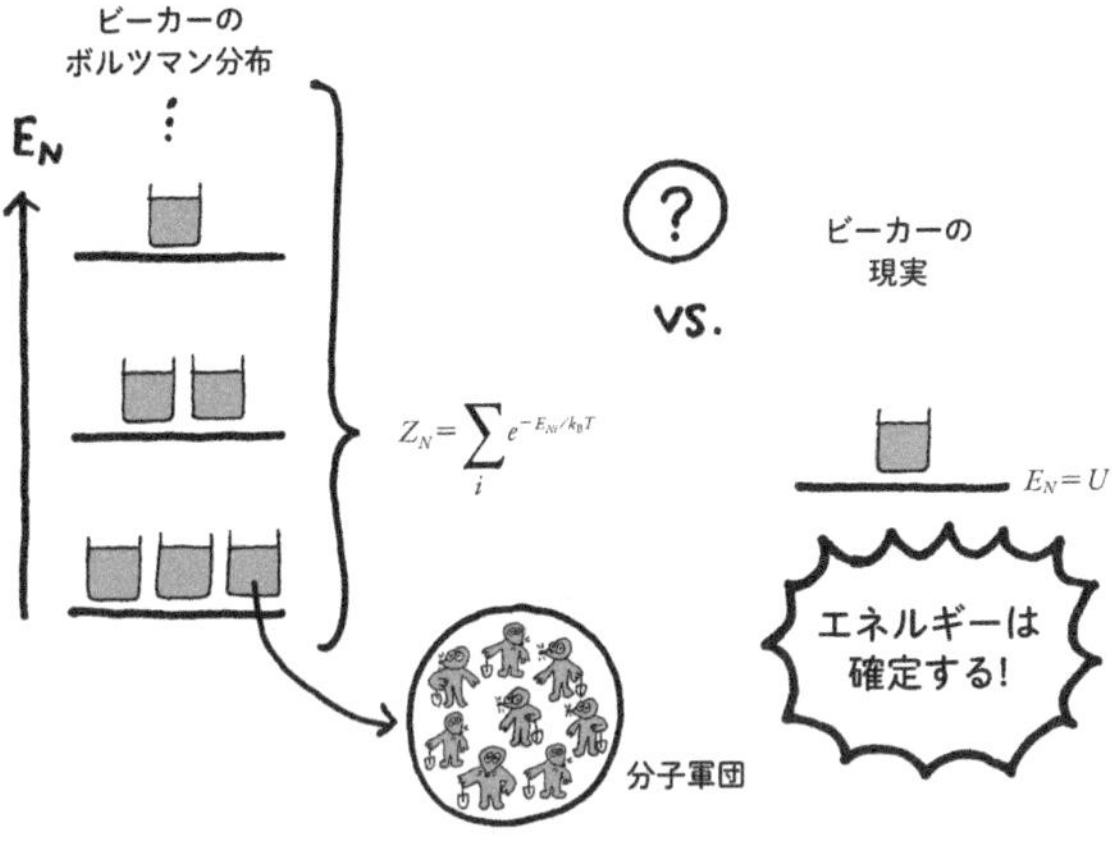

図6-2　ビーカーの現実
どうしてビーカーは「ひな壇」にならないのだろうか？

ところが出やすいはずだから、一番出やすいのはエネルギーゼロ（最下位）の状態ではないのか？　あれ？　でもそうすると、ビーカーの中は極低温の世界になってしまうのか？

だが、そうはならないことを、あなたはいやというほど知っている。

Uは立派な熱力学の状態関数であり、「1モルの水の体積」などと同様に、温度や圧力といった環境パラメータを指定すれば自動的に決定する──はずだ。しかも、絶対零度でないかぎり、エネルギー最低状態にはならない。これがビーカーの現実だ。

すいません。この混乱と矛盾は、あなたのせいではない。本書では説明を簡単にするため、はしご段がぽんぽんと単純に下から上へと飛び飛びに存在しているとイメージしてきた。これは、一個の分子のはしご段についてはそこそこ許せる単純化なのだが、分子軍団をいっぺんに考えるビーカーのはしご段については、まったく成り立たない。分子どもの〈組み合わせ爆発〉のおかげだ。全体のエネルギーE_{N_i}が同じでも、そのエネルギーを分子たちに分配する組み合わせがめちゃくちゃ多いため、その同じ高さに、膨大な数の量子状態（エネルギー準位）がひしめきあう事態となってしまうのである。だから「一番出やすいエネルギー」を考えるときには、その多重度（縮退度）というものを考慮に入れなければならない。たとえばボルツマン因子（重み）に従って、低いE_{N1}の状態が、高いE_{N2}よりも（単独の段では）出やすさが倍だとしても、E_{N2}の高さに段が10個あれば、出やすさは逆転してE_{N2}の値のほうが5倍出ることになる。だからボルツマン分布Z_Nが成立していても、出やすいのは最下位とは限らない。

実は、われわれが見ている現実の世界とは、これがもっと極端に走った世界なのである。あなたの目の前の容器がエネルギーUという値をもっていたら、何度測っても、その値がいつでも必ずUになるということをあなたは知っている。それは結局、ボルツマン分布しているにもかかわらず、**エネルギーがU以外をとる可能性が事実上ゼロ**であることを意味しているのだ。

そんなばかな！　と思うかもしれない。容器の中では分子たちがポコポコはしご段を上下していて、各分子を見ればそのエネルギーのかけらは頻繁に変化している。ミクロはもろ確率の世界だ。あやふやなものをいくら足してもあやふやなはずではないか。ところが、容器全体を見てそのエネルギーを測れば、そのマクロな値Uは確定していて、いつでも一定なのである。

思い返せば、このミクロな確率の世界とマクロな熱力学の世界との断絶が、ボルツマン原子論への強烈な心理的抵抗にもなっていたわけである。

しかし、あらためてよく考えるとわれわれは、こういう「確率から絶対へ」という現象に、実は馴染みがある。「平均値」という概念がまさにそれなのだ。（イカサマでない）サイコロ1個の目の平均値（期待値）は、(1＋2＋…＋6)/6＝3.5である。10個振って（あるいは1個を10回振って）実際に出た目のデータから平均を計算すると、その値はまあ3・5に近いだろうが、3・2とか4・1になることもあるだろうし、たまには1・9とか5・7とか変な値になることもあるかもしれない。確率の世界はあやふやで、未来は誰にもわからないというわけだ。ところが、この同じサイコロを100回、1000回、……と振り、試行数をどんどん増やしていくと、あら不思議、目の平均はどんどんどん3・5に近くなり、10^{23}回も振れば完璧に3・5となる。ここまでくると、もう決定論の世界である。「確率」につきものの曖昧さは一切姿を消し、あなたは「目の平均は3・5だ！」と確実に断言できるようになる。

まあ、それが「確率」の定義だからね、ともいえる。サンプル数を増やせば平均が期待値になるのは当然だ。だが、実はそれだけではない。確率論という数学の分野には「中心極限定理」という重要な定理があって、もっと厳密な議論ができるのだ。

それによれば、サンプル数Nを使って平均をとり、それをさらに何度も繰り返して、その値のヒストグラムをつくってみると、グラフは期待値を中心ピークとする「ガウス（正規）分布」という形になる（図6‐3(a)）。この定理があるからこそ、統計や誤差の世界では常に、ガウス分布が主役となる。分布の広がりはNを増やしていくとどんどん狭まってゆき、鋭いピークを描くので、$N=10^{23}$のような極限では、平均は事実上、確定することになる。あやふやなものでも、とことん足して平均をとると、確実なものへと変貌するのである。これこそ「統計」の本質なのだ。

この結果を、ビーカーの分配関数Z_Nへ翻訳すればこうだ。図6‐2の式（左側）で右辺の和は本来であれば、容器のエネルギーがとりうるすべての可能性――最下位から無限大まで――を足し合わせなければならない。だが、いまやあなたは、それがUからずれる可能性は完璧に無視できるということを知った（図6‐3(b)）。エネルギーE_Nの出現頻度は、はしご段一つ分のボルツマン因子$f(E_N)$と多重度$W(E_N)$の兼ね合いで決まり、Uのところでナイフエッジのような鋭いピークとなるからである。だから、足すのはUに対応するボルツマン因子e^{-U/k_BT}だけでいい。だが、それは1個ではない。Uの高さにははしご段が多数あるから、その分の多重度を全部足さねばならない。段の数をW個とすれば、それは結局、図6‐3の式①となる。待てよ？ようやく先が見えてきた。このはしご段の数Wというのは、つまるところ、このエネルギーU

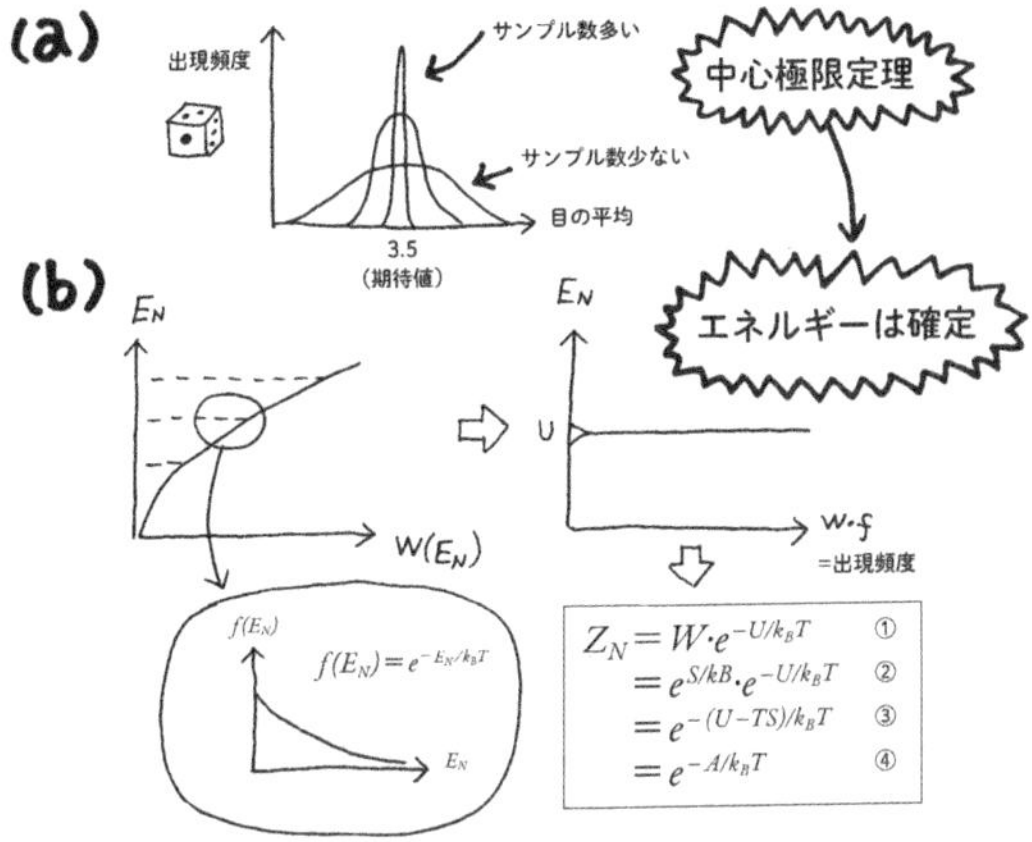

図6－3　中心極限定理
(a) サイコロのヒストグラム　(b) ビーカーのヒストグラム
分布が鋭いピークを描くので、エネルギーの平均値は確定する

を分子たちに分配すれば何通りになるか、という例の〈順列・組み合わせ〉のことじゃないか！　エントロピーはその対数に相当する。だから、すぐに図6－3の式②～④が出る。唖然とするほど話が簡単になったのが、おわかりいただけるだろうか。

分配関数と熱力学関数U、S、Aは、単に指数の形で結ばれるのである。しかもAに注目すれば、この形はボルツマン因子そのもの（ただしエネルギーのかけらE_{Ni}の代わりにAを入れたもの）なのだ（図6－3の式④）。これは、容器内の分子たちがもつ無数のエネルギーレベルE_{Ni}をすべて「繰り込んで」、一つの値Aへと集約・代表させたことになっている。

これが前章の〈自由エネルギー〉の説明の

ところで予告した、ヘルムホルツエネルギーAのもうひとつの意味である。

【発展】 分配関数Z_nとは、もとをたどれば、あるユニバーサルな基準（$E=0$の量子状態1個）に対する相対確率を足し合わせたものである。言い換えると、この容器内の分子たちがとりうるすべての量子状態、その「可能性の王国」を全部ひっくるめて積算し、「この多数の量子状態のどれかに分布する確率」を表すものといえる。だから、いまの容器内の物質の状況を、総体としてマクロな「熱力学的状態」とみなせば、その状態が大自然の「ユニバーサルな価値観」に照らして、どの程度「出現しやすい」のか、つまり熱力学的に有利・安定であるのか、を示していると考えてもよい（図6－4）。その意味では「平衡定数」に非常に近い概念であると同時に、ミクロとマクロをつなぐ架け橋でもあるのだ。事実、平衡定数と化学ポテンシャルの関係（214ページ）は、分配関数とヘルムホルツエネルギーの関係とそっくりで、どちらもボルツマン因子の形をしているのである。

「繰り込まれた」状態に「繰り込まれた」自由エネルギーが対応する、というこの単純にして深遠な関係は、後年の統計力学の発展（たとえば「繰り込み群」理論）にもつながってゆく。また、この発想はそのまま、化学反応の速度論にも応用できる。反応経路上のエネルギー障壁（遷移状態）を考え、その地点に対する分布を計算することで、反応速度を知るのである。その端緒を拓いたのはボルツマンの弟子アレニウスであるが、多くの人々があとに続いて理論を整備し、物理化学の巨大な一分野となった。

説明が長くなった。だが、もう一つだけ、最後のステップをつけ加えねばならない。ビーカーの分配関数Z_Nと、熱力学U、S、Aを見事に結びつけることには成功したものの、そのZ_Nの計算はどうするのかという問題である。

10^{23}個の分子軍団を一つの量子力学系とみて、そのエネルギー準位を計算しなければならないわけだから、真っ向から挑んだら手に負えないのは明らかだ。ところが実はこれも、簡単に計算できてしまう。一匹のモグラについての分配関数Zを、N回掛けるだけなのだ（図6-4の式②）。

一瞬、狐につままれたような気がするが、何のことはない。全体のエネルギーE_{Ni}は各々の分子が持つエネルギーのかけらE_iの総和だから、ビーカーのボルツマン因子はちびモグラたちのボルツマン因子の積で書ける。これがすべての可能性についてあてはまるので、因数分解からこの式となるのだ。いまひとつ納得できない方のために、一番単純な具体例を挙げておこう。コインの分配関数だ。表のエネルギーを0、裏のエネルギーを1とする。さらに不精だが$k_BT=1$とすると、コイン2枚の分配関数は

$$Z_2=e^{-(0+0)}+e^{-(0+1)}+e^{-(1+0)}+e^{-(1+1)}=(e^{-0}+e^{-1})^2=Z^2$$

となり、確かにコイン1枚の分配関数の2乗である。

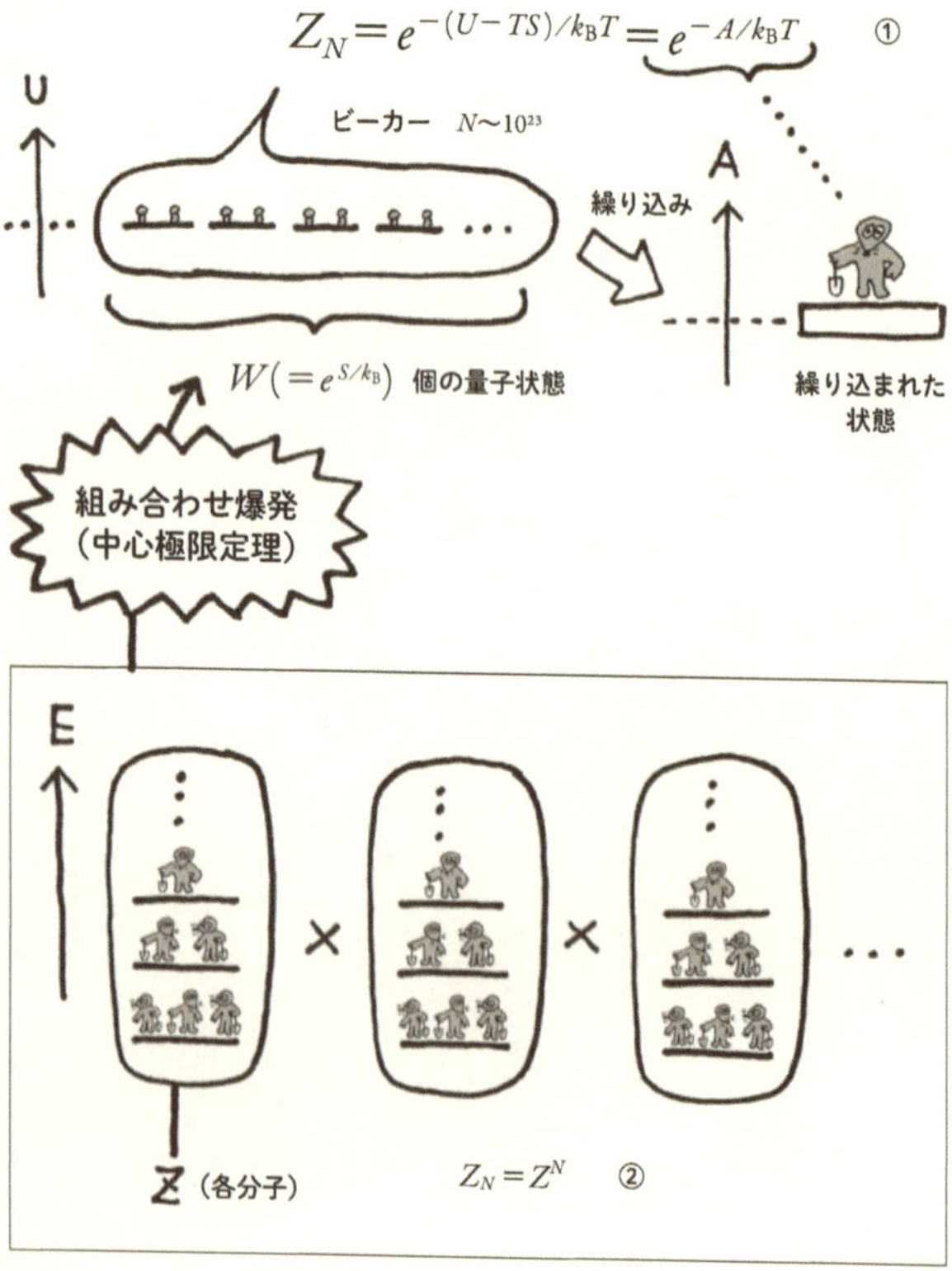

図6－4　繰り込まれた「状態」と「エネルギー」
分配関数はミクロとマクロをつなぐ〈架け橋〉となる

お疲れ様でした。まとめに入ろう。

あなたの目の前には1モルの分子軍団がうごめいていて、あなたはその反応性、安定性、その他もろもろの、マクロな熱力学的性質が知りたいとする。手にしているのは、分子の量子力学から得られたミクロな情報、すなわちちびモグラのはしご段構造である。さて、どのようにして10^{23}個のギャップを飛び越えるか？　もう道は見えている。

（1）はしご段にボルツマン因子をくっつけて、ちびモグラの分配関数Zをつくる。
（2）ビーカー（巨大モグラ）の分配関数$Z_N = Z^N$を計算する。
（3）ヘルムホルツエネルギー$A = -k_B T \ln Z_N$を計算する。
（4）内部エネルギーUもZから計算する。エントロピー$S = (U - A)/T$も計算する。
（5）同様にして、ギブズエネルギーや化学ポテンシャルなど、熱力学で知りたいことのすべてをゲットできる。めでたしめでたし――完――

すばらしい。もっともこれは一番簡単な場合であって、分子間相互作用が激しい液体・溶液や固体では、もっと道は険しくなる。だがスーパー・コンピュータの現代でも、理論家は大なり小なり、ギブズが見いだしたこの〈絹の道〉に沿って、ミクロな分子の構造からマクロな物質の諸性質へと歩んでゆく。

分配関数とは、月明かりの下、砂漠を旅するのに必須の羅針盤であり、伝家の宝刀なのである。物理学者リチャード・ファインマンは分配関数を、統計力学における「頂点」(サミット)と呼んで、こう言った。

「すべてがそこをめざして登ってゆく。あるいは、すべてがそこから流れ出してくる」

二つの摩天楼

談笑することが日課になっていた師ニュートンが1896年に、同居の姉アンナが1898年に相次いで他界すると、ギブズは孤独になった。

X線、電子、放射能の発見が影響したのかもしれない。物理への興味や情熱を失ってはいないものの、どことなく不安げで、醒めたというか心ここにあらずという風情が続いた。ギブズもトムソン(ケルヴィン卿)やレイリー卿らと同様に、量子革命を知らない「偉大なる古典物理学者」の系譜に連なる最後の末裔のひとりであり、道の先に待ち受けている深刻な困難に痛いほど気づいていた。

もし「電子」が確かに存在し、原子や分子の中にたんまりあるとすれば、古典統計力学の当然の帰結として、その運動のすべての自由度にエネルギーが等しく分配されねばならない。だが、それでは実験事実とあまりにもかけ離れてしまう。なんらかの理由で、余分な自由度は凍結されているはずだ。しかし、それを説明する理論はどこにある？

物理セミナーで、こう発言したこともある。

「電子のおかげで比熱の問題が抱えることになる面倒な事態を考えると、たぶん、私はもう去るべき潮時なのだ、と思えてくる」

プランクの量子仮説は、1900年の発表から2年たち、3年たっても、ニューヘヴンではまったく話題になっていなかった。ギブズは生前、それを知ることはなかったらしい。だが、そのころの発言を友人は記憶している。

「あのねえ。分子や原子はみんな、何かの雰囲気みたいなものをまとっていると思うんですよ。地球の大気圏みたいにね。根拠はないんだけど――科学的根拠はね。だけど私には確信がある。そう考えれば、すごくいろんなことが、うまく説明できるんだよ」

ギブズの眼には、いずれ見いだされるべき電子雲の姿が見えていたに違いない。

1900年と翌年は、本の執筆にかかりきりだった。エール創立200年に間に合わせるためには急がねばならない。生まれて初めて、夕刻までオフィスで過ごすことになった。かなり疲労したが、1902年に本が出た時分にはすっかり元気になっていた。大学記念式典の準備もしていた。熱力学の増補版も計画していて、プランはもうできあがっていた。

ずっと健康で、これといった病気もしていなかったが、1903年のイースター休みの終わりごろ、気分が悪くなった。医者はすぐによくなるだろうと太鼓判を押した。2日後の4月28日、病状が急変し、うわごとを言いはじめた。その晩11時に亡くなった。診断は腸閉塞。64歳だった。

誰もが驚いた。姉ジュリアは海外に出かけて留守だった。翌月、簡素な告別の催しが開かれた。ギブズの家からほど近いグローヴ・ストリートの墓地には、名前と日付のほかには「エール大学数理物理学教授1871-1903」とだけ記された墓石が、ひっそりと佇《たたず》んでいる。

こうして、「天才ぞ知る天才」ウィリーおじさんは、あまりにもあっさりと、われわれの世界から姿を消した。二つの巨大な〈知の摩天楼〉を残して。この二つは二つとも、量子革命と2度の大戦をくぐり抜け、ますますその輝きを増していった。明日、本屋に出かけて、どれでもいいから物理学の教科書を一冊手にとり、熱力学や統計力学のあたりを眺めてみていただきたい。記号と専門用語の使い方を別にすれば、1世紀以上前の〈馬上の人〉の論述が、あまりにもそのままの形で受け継がれていることに驚くことだろう。今日のサイエンスとテクノロジー、その繁栄と栄光のすべては、彼の摩天楼の上に築かれたのである。

エントロピーの矢 その3

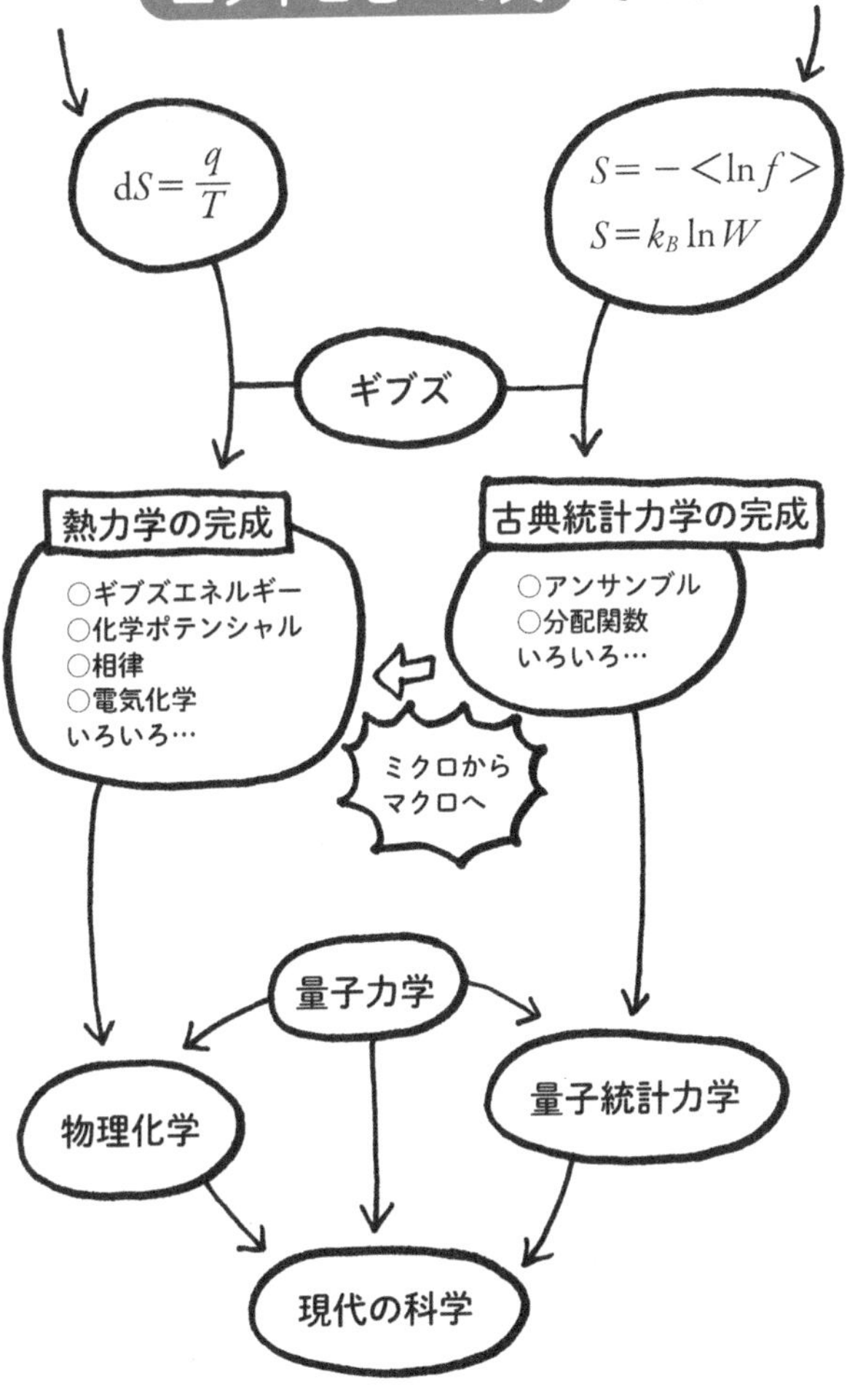
$dS = \frac{q}{T}$
$S = -\langle \ln f \rangle$
$S = k_B \ln W$
ギブズ
熱力学の完成
○ギブズエネルギー
○化学ポテンシャル
○相律
○電気化学
いろいろ…
古典統計力学の完成
○アンサンブル
○分配関数
いろいろ…
ミクロから
マクロへ
量子力学
物理化学
量子統計力学
現代の科学

終章

放たれた矢——深く、広く

それらの矢は、

いまだ知られざる闇の先で、一つに結びついているのであろうか?

エントロピーを巡るこの旅路も、遊覧飛行にしてはずいぶん長くなった。話はまだ尽きないが、きりがない。最後に、〈エントロピー〉の灯を手にしたギブズ以降の科学者たちが、それぞれどんな方向へ走り出していったのかを見渡して、旅のお開きということにしよう。

エントロピーと時間

本書でたどってきたエントロピーの物語は、この世界が向かっている「平衡」という状態がいったいどのようなものなのか、その解明がメインテーマであり、平衡へ至るまでのプロセスや、時間的推移については、「ボルツマン方程式」のところでごく簡単に触れただけであった。

非平衡の状態から出発して、万物がみな、時間とともに平衡へと向かってゆくというこの世界の様子を、どのように記述し、理論づければよいのか？　この大きな宿題が、後世の人々に委ねられたのである。

この問いに答えようとするアプローチは、おもに二つの方向で発展してきた。

一つは、ミクロな量子力学の法則にもとづいて、非平衡の統計力学を構築しようとするものだ。たとえばジョン・フォン・ノイマンによる「密度行列」の発案や、それに続く久保亮五らによる「揺動散逸定理」がその代表的な成果である。

もう一つは、マクロな熱力学に（温度勾配などの）非平衡を導入して、流体力学的な理論を構築しようとするアプローチである。この方面の成果として、近年では振動化学反応や、カオスへの応用が有名である。

一方では、「時の矢」はどうして一方向にしか向かっていないのか? という、より根源的な問いが人類に突きつけられた。これについては万人が納得する答えはいまだに得られていない。この世の〈不可逆〉のすべてが第二法則によるものならば、時間の流れる方向を決定しているのは〈エントロピー〉そのものということになる。

「宇宙のどこかで仮に、エントロピーが減少することがあるならば、そこでは時間が逆に流れているように見えるかもしれない」

と書いたのはボルツマンである(ただし彼自身も、これは空想であって厳密な物理ではないと断っている)。実はボルツマンは若き物理学者たちのみならず、ウィーン出身の思想家たちにも大きな影響をもたらしていた。とくにルートヴィヒ・ウィトゲンシュタインは、ボルツマンの弟子になりたくてウィーン大学を志したほどだが、残念ながらその前にボルツマンは世を去った。もう一人、カール・ポパー(図7-1)も、「漸近的近似としての理論」というボルツマン流の考え方を社会科学に応用した。面白いことにそのポパーが、ボルツマンのこの「時間」に関するアイデアに猛然と嚙みついたのである。

図7-1　ポパー
(1902-1994)

ポパーの指摘はごもっともで、ちょっと目からウロコという感じがあるので紹介しよう。

たとえば、池に石を投げ入れたとする（図7-2(a)）。すると、石がぽちゃんと入ったところを中心として、水面には同心円状に波が広がってゆく。この波の動きは明らかに不可逆だ。池の周縁部から波が中心に押し寄せてきて、ひとりでに真ん中で一点に盛り上がる、という逆回しの現象を見ることはないからである。だからここには、確かに〈時の矢〉が存在する。

だが、この波の動きは波動方程式に従っているから、本来は可逆であるはずだ。つまり、（水の粘性抵抗などを考えない理想的な場合には）エントロピーの増大は伴わないのだ。

するとこのケースでは、エントロピーとは異なる「何か」が、時間の流れを決めていることになる。実は、それは「因果律」すなわち「原因のあとに結果が来る」というルールである。「石を投げ込んだ」という原因が、「広がる波」という結果を生んだ。これを逆転させ、中心に向かって収斂する波を実現するためには、池の周縁部で完璧な円状かつ内向きの波をつくってやる必要がある。こんな初期条件は（人為的には可能だが）自然発生することはない。つまり原因は一発でつくれるが、結果はあちこちに波及するので、原因と結果の順序を逆にはできない。したがって因果律が時間の方向を決したのだ——これがポパーの反論である。

だとすると〈時の矢〉とは、そう単純なものではなく、少なくとも2種類はあるということになる。ところがどっこい、これにはさらに、われわれを悩ませる反論がある。「原因のあとに結果が来る」という認識そのものが、そもそも錯覚にすぎないというのである。

たとえば（終末論的で恐縮だが）すべての大陸が水没した地球——「水の惑星」を想像してみよう（図7－2(b)）。北極へ石を投げ入れたとする。すると、水面の波はやはり同心円状に広がってゆくだろう。だが赤道を過ぎたあたりから収斂《しゅうれん》しはじめ、南極では一点に集中するはずだ。もしあなたが赤道上空でこれを観察していれば、北を向いたときは波の拡散が結果に見え、南を向いたときには波の収斂が結果に見える。したがって原因と結果を入れ替えることは、原理的には何の問題もない。日常生活で波の収斂が見られないのは、単に、赤道上のような「おそろいの初期状態（境界条件）」が確率的にきわめて起こりにくいということの反映でしかない。だから結局は「因果律の矢」も確率の問題であり、やはり広い意味で「エントロピーの矢」の一部なのだ——。

この大胆な解釈が、あらゆる「因果律」をチャラにできるのかどうか。これについてはまだ議論が続いている。少なくとも電磁気学の「先進波」と呼ばれる問題に関しては、ファインマンら

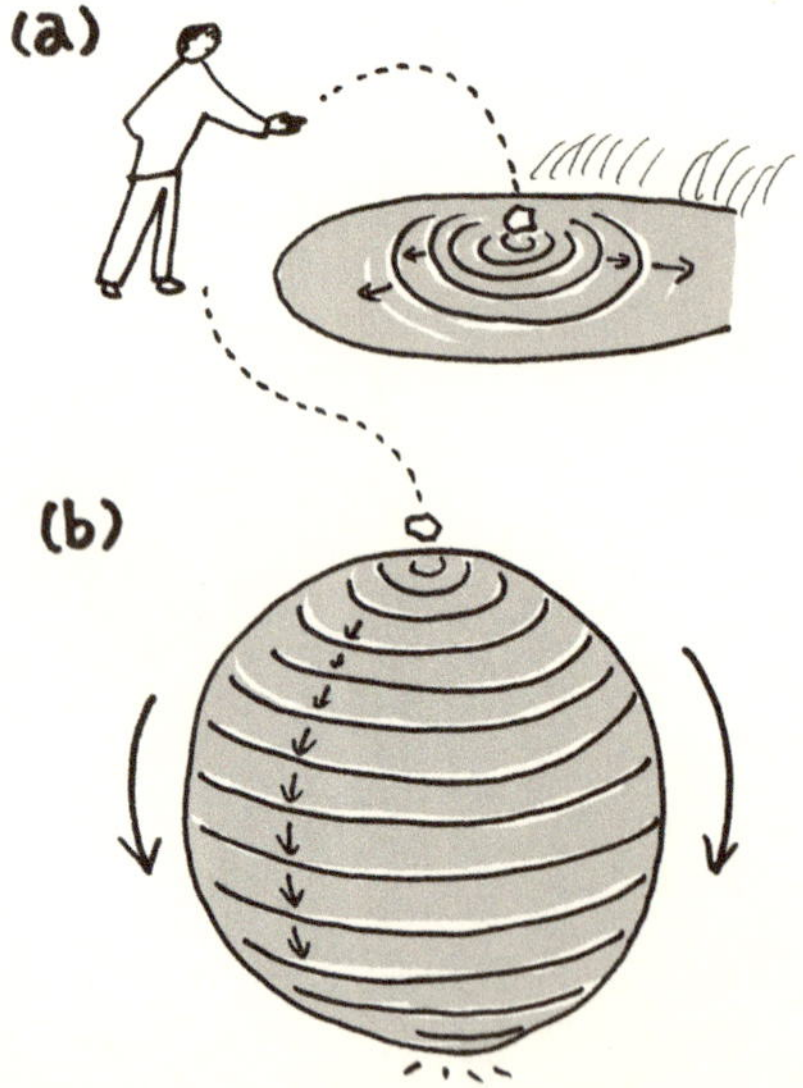

図7－2　因果はめぐる？
(a) 古池や　小石投げ込む　波の果て　(b) 水の惑星
広がってゆく波は、「結果」なのか「原因」なのか？

多くの物理学者は、その方向で考えているようだ。

だが、驚くのはまだ早い。この問題は、量子力学の最前線で出現する「デコヒーレンス」なる現象とも結びつく。また、宇宙物理学者スティーブン・ホーキングは、なんとさらに3種類の〈時の矢〉――心理的・計算機的・宇宙論的時間――について議論していて、しかも、「私が前に出した論文の結論、すなわち宇宙が収縮する際にエントロピーの矢が逆転するだろうという推測は誤りだった」と告白している。

こうなると、凡人は座して待つよりほかに手がない。それらの矢は、いまだ知られざる闇の先で、一つに結びついているのであろうか？　この宿題が片づくのはまだ当分、先になるだろう。

エントロピーと情報

実は晩年のギブズも、〈時の矢〉や〈不可逆性〉の問題を、彼が確立した「統計力学」で正面から考えている。「粗視化」と呼ばれる彼の観点から見ると、エントロピーが「状態の数」であるということは、「われわれの眼が悪いのでそれらのミクロな状態を区別することができず、みな同じものに見えてしまう」ということを意味している。実はこれは、宝くじの番号で1111111と7849960334が出る確率は等しいのに、それでも前者が出たらあっと驚く、というようなものである。後者はその他大勢のランダムな番号と区別できないので、違う番号が出ても同じ状態に見える。結局、エントロピーの力によって、「特殊」な番号は禁じられ、ほかの番号が出つづけるという結論に至る、というのだ。

こうした考え方は一見、「エントロピーは主観的である」という印象を与えかねない。眼のよい人（いろいろと細かい人）と眼の悪い人（大雑把な人）では、エントロピーの値に差が出るというわけだ。しかし「どの状態は同じに見えて、どの状態は区別できるか」という基準さえ明確に定義すれば、十分に客観的で合理的な、万人共通のものにできるのである。

ところで、エントロピーなる概念と「状態を区別もしくは同一視する」という認識行為の間に深い関係があるのなら、エントロピーの適用できる領域は、物理や化学など自然現象の科学にとどまらず、もっと広い応用が考えられるのではないだろうか。「エントロピーが大きい」ということは、ミクロな状態がいっぱい含まれているわけだから、「情報」が豊富な状態ということができるのではないか。

こうした発想から、情報理論という分野では「情報エントロピー」なる概念が生まれた。そこで定義された「情報量」が、ボルツマンのH関数（式(7)）と同じ形をしているのである。

ただし、情報理論の祖クロード・シャノンは当初、統計力学のエントロピーを知らなかったらしい。また、彼がいうところの「エントロピー」とは、状態の集合の性質（状態数）というより確率事象の性質（くじを引いてびっくりする度合い）として考えられている。いずれにしても、デジタル・コミュニケーションのこの時代に、シャノンの理論が大活躍していることはご存じの通りだ。メモリやハードディスクの容量を示す数字は「桁数」であることを思い出そう。「1テラバイト」というのは、ハードディスクの持つエントロピーのことなのである（桁数だから2個で2乗ではなく和の2テラになるわけだ）。

さらに、この発想から転じて、自然界や宇宙全体を〈デジタル情報そのもの〉としてとらえようという面白い試み——「情報としての物理学」も進んでいるので、じっくり見守っていただきたい。

エントロピーと確率

H関数の話が出たところで、少し補足しておこう。ボルツマンが見いだしたエントロピーの表現をもう一度きちんと書くと、式(7′)となる（注：pは絶対確率を示す）。

$$\frac{S}{k_{\mathrm{B}}} = -\langle \ln p \rangle = \langle \ln \frac{1}{p} \rangle \qquad (7')$$

この式は、ボルツマン分布のpを代入して分配関数の式（図6-4の式①）を使えば確かめられる。エントロピーが確率の逆数（の対数の平均値）であることに注目してほしい。サイコロの場合、確率1／6がエントロピー ln6（状態数6）に対応するわけだ。ところがここには、単なる定義の違い以上の「心理的相違」がある。

エントロピーは本質的に「確率」であり、第二法則は「世界は一番確からしい状態へ向かう」とも表現される。この言い方は間違いではないのだが、何やら予定調和的な響きがあり、ダイナミズムに欠けた終末感が漂う。「停滞」「熱的死」といった、救われないイメージがある。これは、われわれが確率を考える際に、可能性を全部足すとそれが分母になり100％になると信じこんでいるからである。だから、あらかじめ定められた最終状態へ至る「冥土への一本道」が浮かんでしまうのだ。いわば確率とは、「限りあるパイ」である未来を切り刻んで、1／6、1／36、というように細分化してゆく概念なのである。

ところが、第4章でも説明したようにエントロピーの本質は、はるかにダイナミックなものだ。これを実感してもらうためには、たぶんサイコロよりも「ババ抜き」がふさわしい。

あなたと友人たちがババ抜きをしているとしよう。ただし手札は捨てずに、ひたすら他人の札を引き続ける。したがってゲームは無限に続く。これが確率的世界だ。ここでは「ババ」（ジョーカー）が、世界の「いまの状態」を表している。もしジョーカーに眼がついていれば、その眼は変転する世界の姿——あなたや友人たちの顔——を、かわるがわるランダムに見るはずだ。もしも、みなが白い服を着ていれば、白い世界だけが見えているかもしれない。これが平衡状態、すなわちエントロピー最大の世界である。

ところが、これは仮の安寧、せき止められた世界だった。突如、部屋のドアが開き、1万人の赤シャツ軍団がなだれ込んできた！　仲間に入れてくれと彼らは言う。連中はそれぞれ手にトランプを一組ずつ持っている（ジョーカーはない）。ゲームを再開したとたん、ジョーカーは確実に赤シャツの誰かの手に移る。ジョーカーが見る景色は赤一色となる。白はもう見えない。〈不可逆〉のゲートが開いたのだ。

このナンセンスなたとえ話から、白から赤へという「逃れえぬ宿命」的な教訓を引き出すことも、もちろん可能である。だが、正反対の見方も可能なのだ。この世界はとことんせき止められた世界なのである。そこらじゅうにエントロピーの「どこでもドア」が転がっている。毎時毎分毎秒、いたるところで無数のドアが開き、想定外の新たなる地平、〈可能性の王国〉へとミクロな分子たちがダッシュしていく。一瞬前にはあり得なかった未来がそこには広がっている。未来は100%ではなく、100000000%だったのだ。だから、あなたが見ているこの世界の〈不可逆性〉は、爆発する「分母」の世界であり、安寧にはまだ遠い、激動の未来を体現してもいるのである。

「イオン」の姿を明かした熱力学

ところで、本書でも何度か名前が出たスヴァンテ・アレニウス（図7－3）は、その最大の功績「電離説」によって1903年のノーベル化学賞を受賞した。ノーベル賞初の本国（スウェーデン）人である。「電離説」とは、食塩のような電解質が水に溶けたら Na^+ と Cl^- のようなイオンとしてばらばらになるという説であり、アレニウス25歳のときの博士論文である。いまでは高校の化学であたりまえのように教えられているが、発表当時は多くの権威たちからトンデモ扱いされた「暴論」であった。こ

図7－3 アレニウス
(1859-1927)

のころはまだ原子とイオンの違いも明白でなかったから、「食塩水の中でナトリウムと塩素が動いてるだと？　そんなもん飲んだら死ぬだろ！」と言われたわけだ。

アレニウスが並み居る反論を抑えてこの説を証明した際に決定的な役割を果たしたのが、同じく高校で教えられる「希薄溶液の性質」、すなわち「沸点上昇」「凝固点降下」「浸透圧」なる三種の神器である。これら三つの性質はいずれも溶質のモル濃度（つまり粒々の数）に比例するが、溶質の種類（粒が何であるかという個性）には左右されない、という摩訶不思議な共通点をもっている（これは統計熱力学で証明できる）。

アレニウスはこの性質を巧みに利用した。食塩水において、この「神器」の度合い、すなわち凝固点降下・浸透圧の度合いが、同じモル濃度の砂糖水の度合いの2倍になっていることを確かめて、「食塩が電離して粒々が2倍に増えている」ことを立証したのである。

電離説の勝利は、さらに電解質溶液の各種理論へと発展してゆく。そこでは例外なくギブズの化学ポテンシャルがフル活用されていくことになった。また、イオンの理解が進んでいくことは、電気化学の発展にもつながってゆく。電気分解や電池、あるいは電極を利用したイオンの分析法は、すべて「ネルンストの式」と呼ばれる電圧－濃度関係の式にその礎を置いているが、これもまた化学ポテンシャルの応用例なのである。酸・アルカリの尺度として用いられる「pH」が、濃度そのものではなくその「桁（対数）」として定義されるのは、とりもなおさず、化学ポテンシャル（イオンの混み具合）と濃度対数の関係（図5－12の式②）をダイレクトに反映しているからなのだ。

生命科学とエントロピー

われわれの体内では、いまこの瞬間にも、数千、いやそれ以上の化学反応が同時進行している。そのうちの一つが欠けただけでも、ただちに死の危険が訪れる。現代の生化学をもってしても、この膨大な種類の反応をすべて明らかにするのは難しい。にもかかわらず、いまやわれわれは、あらゆる反応がなぜ進行するのかを知っている。それは〈エントロピー〉というただ一つの原動力だ。それが、例外なく、すべての反応の原因なのである。

われわれの細胞の中で生命活動を支えるプロセスのひとつひとつは、それがいかに精密なものであろうとも、サディ・カルノーのエンジンと同様に、エントロピーと熱力学で理解できる。有名な例として、「電子伝達鎖」をとりあげよう（図7－4）。

これは、細胞呼吸におけるグルコース代謝経路の最後のステップであり、同時に「生体のエネルギー通貨」であるＡＴＰを合成することから、細胞のエネルギー獲得にとってきわめて重要な部分である。そして、膜を横切って水素イオンをくみ上げる「プロトン・ポンプ」や「分子モーター」といった機構を内蔵していることから、熱力学的にも非常に興味深い対象なのである。

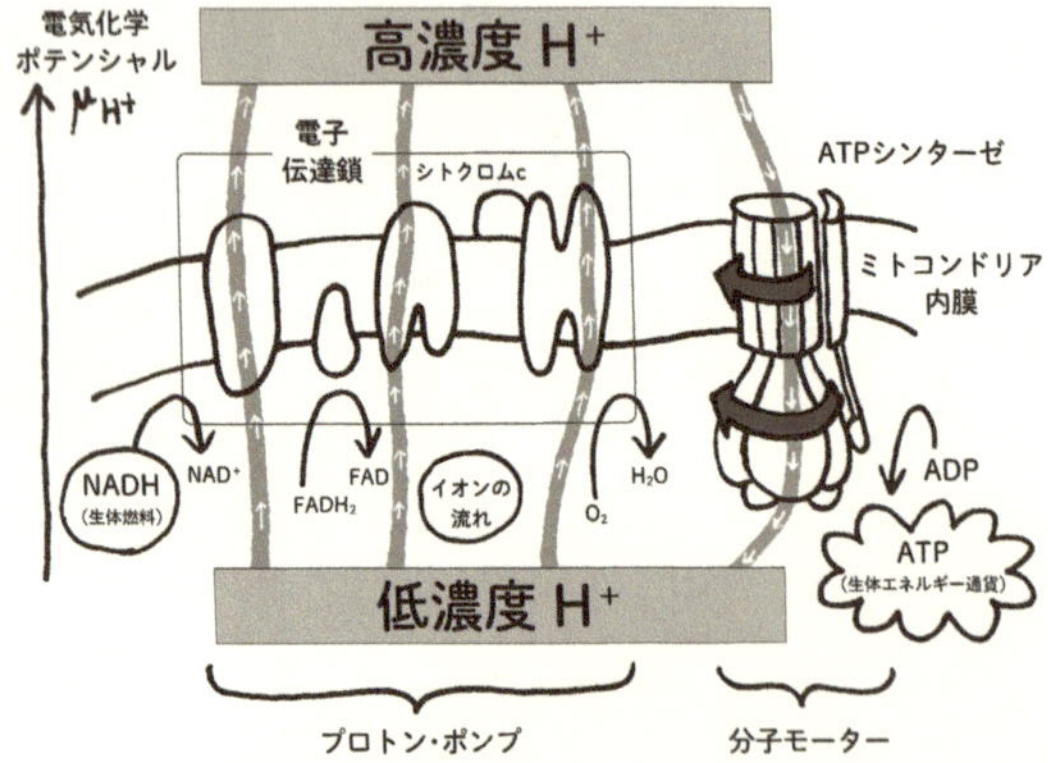

図7－4　電子伝達鎖のしくみ
電子と水素イオンが動き、化学ポテンシャルがミトコンドリアの「水車」を回す

図７－４の左側は、シトクロムという酵素を中心とした膜タンパク質システムが、グルコースの分解によって得られた電子伝達体（ＮＡＤＨやＦＡＤH_2）を受け取り、プロトン（水素イオン）を外へくみ出す様子を示している。このとき、プロトンのくみ出しに利用されているのは、電子伝達の化学反応によって放出されるギブズエネルギーである。この結果、膜の内外では、プロトン濃度と電荷に差が生じ、（電気）化学ポテンシャルの勾配が生まれる。

一方、図７－４の右側のＡＴＰシンターゼでは、この勾配によって、今度は逆に膜の外から中へと流れ込むプロトンの駆動力を利用して「分子ステップモーター」が回転し、この回転がさらにＡＴＰ合成反応を引き起こす。モーターは最大で毎秒７００回転にも達する。

この図7－4を、第1章のカルノー・サイクル（図1－10）と比べてみていただきたい。レトロな熱エンジンが、形を変え、より洗練されて、最先端の生命科学的描像へと受け継がれていることが実感できるだろう。無骨な蒸気やシリンダーの役割は、電子やプロトンに引き継がれた。また、過激な熱の流れと圧力の変化は、マイルドな等温・等圧のギブズエネルギーの変化へと置き換えられた。そして、無駄を極力減らして効率を高めるという「可逆準静過程」のアイデアを、進化の神は、NADHの持つ大きなギブズエネルギーを多段階に分けて少しずつ取り出すという技で取り入れているのである。ATPシンターゼの回転ユニットに至っては、これはもうまるで「水車」そのものではないか。ナポレオンをにらみつけた幼子の眼力は、ミトコンドリアの内部にまで到達していたわけである。

産業革命の時代に見いだされた「父と子の水車」は、いまこうしている瞬間にも、あなたの細胞の中で力強く回りつづけ、あなたの命を支えているのだ。

エピローグ　旅の終わりと始まり

いよいよ旅も終わりを迎えた。結局、〈エントロピー〉とは何だったのだろうか？　あなたは、このささやかな冒険で、エントロピーの姿をとらえることができただろうか？

その答えはもうおわかりのはずだ。あなたは毎日、エントロピーを見かけている——省エネや人類の未来を考えない日でも。毎日、毎分、毎秒、いまこの瞬間にも、あなたの目の前に展開しているのは、エントロピーが踊る世界、〈不可逆〉の世界だ。あなたの指先の筋肉がATPを消費しつつ動き出すとき、本書のページをめくるあなたの指から紙の分子へ熱が流れるとき、紙が動いて気体分子へとエネルギーが移動するとき。そのいずれの瞬間にも、分子たちは、開かれたゲートの先の、新たなる〈可能性の王国〉へと疾走してゆく。見えない分子のダンスが、見える世界を支配する。あなたの指をいま動かしたのも、実はエントロピーなのだ。エントロピーの力は誰にも止められない。だからこそ、世界は、宇宙は、このように動く。われわれは、そしてあらゆる物質は、エントロピーの背につかまって、はらはらしながら旅を続けてゆくよりほかにないのである。

それでもわれわれは、少なくとも「なぜかく動くのか」という宇宙の謎を理解した。エントロピーと温度のヴェールを剝ぎとり、ミクロな量子の世界とマクロな日常の世界とを結びつけた。いまでは、あなた自身の体がもつエントロピーの値さえコンピュータで計算できるだろう。

だが、それがすべてなのか？　われわれは本当に、エントロピーのすべての顔を見きわめたと言ってよいのだろうか。

あなたはこんな話を耳にするかもしれない。曰く、ブラックホールにおいても第二法則が成り立つ。あるいは、ブラックホールのエントロピーはその表面積に比例する――。あなたは目をむく。そんな話は聞いてない。それは自分が知っているエントロピーとは別の顔だ、と。

あるいは、とある雑誌のコラムで「栄誉と賞金を拒否した世捨て人」といった見出しに目を引かれるかもしれない。場所は現代のロシア。グリゴリー・ペレルマンという数学者が、ポアンカレが残した数学の難問に100年のちに挑み、ついにその証明に成功した。だが、この変人は、数学のノーベル賞といわれるフィールズ賞の受賞を拒否し、クレイ研究所の賞金をも受け取らなかったという。名誉欲と先陣争いが渦巻く学界に嫌気がさして、彼はモスクワ郊外の家に引きこもった。「証明が正しいとわかればそれでいい」とのコメントを残して――。

この男の背中には、どこか、あの「英雄の息子」を思わせる空気が漂っている。あなたはちょっとインターネットを覗いてみる。カルノーの時代と違って、論文は簡単に手に入る。しかも、

3本あるペレルマンの論文は、誰でも自由にダウンロードできる。難しいんだろうな……と覚悟しつつ、目を通す。実際、内容はさっぱりわからない。しかし、ふと論文のタイトルに目を移したとき、あなたは驚く。そこに〈エントロピー〉の文字があるからだ。

実は、ペレルマンは数理物理学の専門家でもあり、ポアンカレ予想という純粋数学の問題に挑みつつも、同時に物理学上の問題にもアプローチしようとしていたのだ。証明の核心部分で利用したのが、エントロピーの概念だったのである。

彼の証明や、そこで使われたエントロピーの物理的な意味合いが完全に理解されるには何年も――もしかすると何世代も――かかるだろう。これもまた、あなたが、そして人類が知らなかった、エントロピーのいま一つの顔に違いない。カルノーに始まり、今日まで連綿と受け継がれてきた聖火リレーの、それは次の一歩なのだ。

だが、何のために？　人類は、その最後の日まで、エントロピーのすべての顔を完全には理解できないかもしれない。仮に理解できたところで、それが何の役に立つ？　計算や予測ができても運命を覆すことはできない。エントロピーを理解しても、所詮、その力には逆らえないのだ。

それでも、あなたは知っている。そんな問いは愚問だということを。揺りかごから這い出そうとする赤ん坊に、その理由を尋ねる必要があるだろうか。

気がつくと、君はもう這い出している。よちよちと立ち上がる。矢を拾い上げる。消えかけていた先端の炎が赤々と輝き出す。君はあたりを見回す。もっと高いところへ。もっと遠いところへ。闇の中、君は走り出す。丘を駆け上がる。頂上へたどりつく。〈光〉を一目見るために。命あるうちに、その光のすべて、その輝きのすべてを目にすることはできないことを、カルノーは知っていた。マクスウェルも、ボルツマンも、ギブズも知っていた。それでも彼らは先人たちの肩に乗った。だから君も、彼らの肩に乗る。背を伸ばす。歯を食いしばる。

そのとき、夜が白みはじめる。そして、突然――〈光〉が君の眼を射る。いまだかつて見たことのない光が。誰一人見たことのない光が。

しばし茫然として、君は立ち尽くす。それからわれに返って、つぶやく。

「さあ帰ろう。帰って、みなに伝えよう」

参考文献

本書の歴史関係の記述はすべて二次資料からの孫引きである。煩雑さを避けるため、本文中には出典を示さなかった。主な文献を挙げる。

●第1・2章

〔フランス史〕・柴田三千雄・樺山紘一・福井憲彦編**『世界歴史大系 フランス史2』**山川出版社（1996）・喜安朗**『パリの聖月曜日―19世紀都市騒乱の舞台裏』**岩波現代文庫（2008）→コレラの流行。・F. ブローデル、村上光彦訳**『物質文明・経済・資本主義―15-18世紀 I 日常性の構造』**（全2巻）みすず書房（1985）→疫病、パリ風俗、水車。図版豊富。・R. セディヨ、山崎耕一訳**『フランス革命の代償』**草思社（1991）→英国との比較。・J. ミシュレ、桑原武夫・多田道太郎・樋口謹一訳**『フランス革命史』**（抄訳版・上下巻）中公文庫（2006）・S. ツワイク、高橋禎二・秋山英夫訳**『ジョゼフ・フーシェ―ある政治的人間の肖像』**岩波文庫（1979）・E. ルートヴィヒ、北澤真木訳**『ナポレオン』**（上下巻）講談社学術文庫（2004）→ラザールとナポレオンの関係。・C. Hibbert, **"The Days of the French Revolution"**, Harper Perennial（1981）・R. R. Palmer, **"Twelve Who Ruled: the Year of the Terror in the French Revolution"**, Princeton Univ. Press（1941）→革命政府におけるラザールの役割。・S. J. Watson, **"Carnot"**, Bodley Head（1954）→ラザールの伝記。・P. Dwyer, **"Napoleon: The Path to Power, 1769-1799"**, Yale Univ. Press（2008）**〔カルノー〕**・S. カルノー、広重徹訳・解説**『カルノー・熱機関の研究』**みすず書房（1973）→遺稿と弟の回想を含む。第1章冒頭のエピソードはこの回想にもとづく。・C. C. Gillispie, **"Lazare Carnot Savant: A Monograph Treating Carnot's Scientific Work"**, Princeton Univ. Press（1971）→父と子の論文を比較。・S. S. Wilson, **"Sadi Carnot"**, Sci. Amer., 245: 102-114（1981）→サディ肖像画（カラー）。**〔熱学史〕**・山本義隆**『熱学思想の史的展開―熱とエントロピー』**（全3巻）ちくま学芸文庫（2008、2009）→熱学史を詳細に解説した労作。読みやすいが厳密かつ高度。・D. S. L. カードウェル、金子　務監訳**『蒸気機関からエントロピーへ―熱学と動力技術』**平凡社（1989）→熱学史。専門的。

●第3・4章

〔世紀末ウィーン〕・C. E. ショースキー、安井琢磨訳**『世紀末ウィーン―政治と文化』**岩波書店（1983）→当時のウィーンの写真多数。・W. M. ジョンストン、井上修一・岩切正介・林部圭一訳**『ウィーン精神―ハープスブルク帝国の思想と社会 1848-1938』**（全2巻）みすず書房（1986）→自殺に関する考察。・S. ツヴァイク、原田義人訳**『昨日の世界』**（全2巻）みすずライブラリー（1999）**〔マクスウェルとボルツマン〕**・B. Mahon, **"The Man Who Changed Everything: The Life of James Clerk Maxwell"**, Wiley（2003）・E. Garber, S. G. Brush and C. W. F. Everitt, eds., **"Maxwell on Molecules and Gases"**, MIT Press（1986）→*H*定理に関するメモ。・E. ブローダ、市井三郎・恒藤敏彦訳**『ボルツマン』**みすず書房（1957）→第3章冒頭のエピソードは、この中の詳細な追補（市井による）にもとづく。自殺の現場を本文中では「ホテル」と書いたが、アパートか貸別荘だったかもしれない。また「鬱状態」という表現は、現在の医学上の定義とは必ずしも合致しない可能性もある（当時の新聞では「神経症」という言葉が使われていた）。・D. リンドリー、松浦俊輔訳**『ボルツマンの原子―理論物理学の夜明け』**青土社（2003）→熱学史、とくにボルツマンとギブスの功績。物理的説明も的確。翻訳もすばらしい。・M. ゴールドスタイン・I. F. ゴールドスタイン、米沢富美子監訳、森　弘之・米沢ルミ子訳**『冷蔵庫と宇宙―エントロピーから見た科**

学の地平』東京電機大学出版局（2003）→非常に広範囲の話題（情報理論、化学、生物学、地質学、量子力学、相対性理論、宇宙論）を展開。読みやすいが、内容はかなり高度。・物理学史研究刊行会編**『物理学古典論文叢書 5 気体分子運動論』**東海大学出版会（1971）→マクスウェル、ボルツマン、ロシュミット、ツェルメロの論文。・物理学史研究刊行会編**『物理学古典論文叢書 6 統計力学』**東海大学出版会（1970）→ボルツマンの代表的2論文。・L. Boltzmann, **"Lectures on Gas Theory"**, Dover（1964）・パリティ編集委員会編**『ボルツマン先生、黄金郷を旅す』**パリティブックス、丸善（1994）→ボルツマンによるユーモラスな米国旅行記。・J. Blackmore, ed., **"Ludwig Boltzmann: His Later Life and Philosophy, 1900-1906"**, 2 Vols., Kluwer（1995）→ボルツマン晩年の詳細な資料。**〔マッハ〕**・J. T. Blackmore, **"Ernst Mach: His Work, Life, and Influence"**, Univ. California Press（1972）・J. Blackmore, **"An Historical Note on Ernst Mach"**, Brit. J. Phil. Sci., 36: 299-305（1985）→マッハの手書きメモの記述。・J. Blackmore, ed., **"Ernst Mach-A Deeper Look: Documents and New Perspectives"**, Kluwer（1992）→プランク－マッハ論争とシュテファン・マイヤーの回想。・S. トゥールミン、A. S. ジャニク、藤村龍雄訳**『ウィトゲンシュタインのウィーン』**平凡社ライブラリー（2001）→哲学的影響。**〔プランクと量子論〕**・T. S. Kuhn, **"Black-Body Theory and the Quantum Discontinuity, 1894-1912"**, Univ. Chicago Press（1987）→ボルツマンとプランクの論文に関する詳細な検討。・A. アインシュタイン、青木薫訳**『アインシュタイン論文選―「奇跡の年」の5論文』**ちくま学芸文庫（2011）→原子論・浸透圧・エントロピーを巡る問題意識の解説あり。

●第5・6章

〔南北戦争、リンカーン、発明の時代〕・内田義雄**『戦争指揮官リンカーン―アメリカ大統領の戦争』**文春新書（2007）・W. Rosen, **"The Most Powerful Idea in the World: A Story of Steam, Industry, and Invention"**, Univ. Chicago Press（2012）**〔ギブズ〕**・L. P. Wheeler, **"Josiah Willard Gibbs: the History of a Great Mind"**, Yale Univ. Press（1951）→ギブズ最後の弟子による伝記。・M. Rukeyser, **"Willard Gibbs"**, Doubleday（1942）→ギブズと無関係な話が多い。・J. W. Gibbs, **"The Scientific Papers of J. Willard Gibbs"**, 2 Vols., Longmans（1906）→『コネティカット芸術科学アカデミー紀要』のスキャンイメージはインターネットでも見られる。イカやヒトデのイラストが美しい。『紀要』の出版社が「タトル」というのも味わい深い。(http://www.biodiversitylibrary.org/bibliography/7541#/)・J. W. Gibbs, **"Elementary Principles in Statistical Mechanics"**, Charles Scribner's Sons（1902）・A. E. Verrill, **"How the Works of Professor Willard Gibbs were Published"**, Science, 61: 41-42（1925）→第5章冒頭のエピソードはこの回想にもとづく。・星亮一**『明治を生きた会津人 山川健次郎の生涯―白虎隊士から帝大総長へ』**ちくま文庫（2007）・久野明子『鹿鳴館の貴婦人 大山捨松―日本初の女子留学生』中公文庫（1993）・小松醇郎『幕末・明治初期数学者群像（下）明治初期編』吉岡書店（1991）→木村駿吉についての記述。**〔統計力学〕**・C. キッテル・H. クレーマー、山下次郎・福地充訳**『熱物理学 第2版』**丸善（1983）→絶賛に値する名著。「サル製シェークスピア」の問題は必見。・久保亮五**『統計力学 改訂版』**共立出版（1971）→明解で読みやすい。・戸田盛和・久保亮五・橋爪夏樹・斎藤信彦**『岩波講座 現代物理学の基礎（第2版）5 統計物理学』**岩波書店（1978）・A. Y. ヒンチン、郡 敏昭訳**『量子統計の数学的基礎』**東京図書（1972）→「中心極限定理」を用いた厳密な論証とDarwin-Fowler法との比較。本書の定性的な説明にご不満の向きは、こちらをご覧ください。〔**熱力学関数名の由来**〕・I. K. Howard, **"S is for Entropy. U is for Energy. What was Clausius Thinking?"**, J. Chem. Educ., 78: 505-508（2001）・I. K. Howard, **"H is for Enthalpy, Thanks to Heike Kamerlingh Onnes and Alfred W. Porter"**, J. Chem. Educ., 79: 697-698（2002）

●終章

〔**非平衡熱力学**〕・R. Kubo, **"Brownian Motion and Nonequilibrium Statistical Mechanics"**, Science, 233: 330-334（1986）→歴史的流れがよくわかる簡潔な紹介。〔**時の矢、デコヒーレンス、情報物理学**〕・K. R. Popper, **Nature, 177**: 538（1956）; R. Schlegel, **Nature, 178**: 381-382（1956）; E. L. Hill and A. Grünbaum, **Nature, 179**: 1296-1297（1957）; R. C. L. Bosworth, **Nature, 181**: 402-403（1958）→論争のために創刊されたという『ネイチャー』の伝統が息づく。・S. W. Hawking, **"The No Boundary Condition and the Arrow of Time"**, in J. J. Halliwell, J. Pérez-Mercader and W. H. Zurek, eds., **"Physical Origins of Time Asymmetry"**, Cambridge Univ. Press, 346-357（1994）→相当に難解だがファインマンの笑えるエピソードがある。・M. Schlosshauer, **"Decoherence: and the Quantum-to-Classical Transition"**, Springer（2007）→読みやすいが高度。・H. C. フォン=バイヤー、水谷　淳訳『**量子が変える情報の宇宙**』日経BP社（2006）→一般向けの好著。ブラックホールのエントロピーの解説あり。〔**溶液の物理化学**〕・日本化学会編『**化学の原典第Ⅱ期　2 電解質の溶液化学**』学会出版センター（1984）→アレニウスの論文。〔**ATPシンターゼ**〕・D. サダヴァ他、石崎泰樹・丸山敬監訳・翻訳『**カラー図解アメリカ版 大学生物学の教科書 第1巻 細胞生物学**』講談社ブルーバックス（2010）・C. von Ballmoos, A. Wiedenmann and P. Dimroth, **"Essentials for ATP Synthesis by F1F0 ATP Synthases"**, Ann. Rev. Biochem., 78: 649-672（2009）

●エピローグ

〔**ペレルマン**〕・M. ガッセン、青木薫訳『**完全なる証明―100万ドルを拒否した天才数学者**』文春文庫（2012）・G. Perelman, **"The Entropy Formula for the Ricci Flow and its Geometric Applications"**, arXiv preprint math/0211159（2002）

さくいん

N.D.C.426.55　270p　18cm

ブルーバックス　B-1894

エントロピーをめぐる冒険《ぼうけん》
初心者のための統計熱力学

2014年12月20日　第1刷発行
2025年7月8日　第8刷発行

著者　鈴木《すずき》　炎《ほのお》
発行者　篠木和久
発行所　株式会社講談社
〒112-8001 東京都文京区音羽2-12-21
電話　出版　03-5395-3524
販売　03-5395-5817
業務　03-5395-3615
印刷所　(本文表紙印刷) 株式会社KPSプロダクツ
(カバー印刷) 信毎書籍印刷株式会社
製本所　株式会社KPSプロダクツ

定価はカバーに表示してあります。
©鈴木　炎　2014, Printed in Japan
落丁本・乱丁本は購入書店名を明記のうえ、小社業務宛にお送りください。送料小社負担にてお取替えします。なお、この本についてのお問い合わせは、ブルーバックス宛にお願いいたします。
本書のコピー、スキャン、デジタル化等の無断複製は著作権法上での例外を除き禁じられています。本書を代行業者等の第三者に依頼してスキャンやデジタル化することはたとえ個人や家庭内の利用でも著作権法違反です。

ISBN978-4-06-257894-3

発刊のことば

科学をあなたのポケットに

二十世紀最大の特色は、それが科学時代であるということです。科学は日に日に進歩を続け、止まるところを知りません。ひと昔前の夢物語もどんどん現実化しており、今やわれわれの生活のすべてが、科学によってゆり動かされているといっても過言ではないでしょう。

そのような背景を考えれば、学者や学生はもちろん、産業人も、セールスマンも、ジャーナリストも、家庭の主婦も、みんなが科学を知らなければ、時代の流れに逆らうことになるでしょう。

ブルーバックス発刊の意義と必然性はそこにあります。このシリーズは、読む人に科学的に物を考える習慣と、科学的に物を見る目を養っていただくことを最大の目標にしています。そのためには、単に原理や法則の解説に終始するのではなくて、政治や経済など、社会科学や人文科学にも関連させて、広い視野から問題を追究していきます。科学はむずかしいという先入観を改める表現と構成、それも類書にないブルーバックスの特色であると信じます。

一九六三年九月

野間省一